3D 打印技术及应用

主　编　李华雄　张志钢

副主编　王　晖　郑宇城　余广伟

重庆大学出版社

内容提要

本书阐述了逆向设计与 3D 打印技术的相关概念,逆向设计的应用范围和发展趋势,产品数据的采集方法与测量设备的选择依据,详细说明了拍照式扫描仪测量系统和手持式激光扫描仪测量系统的测量原理、测量精度、测量方法、点云数据预处理、模型的重构技术。此外还介绍了 3D 打印技术的原理和 3D 打印技术的分类,3D 打印常用的材料及其特性。本书还详细介绍了熔融堆积成型(FDM)、光固化快速成型(SLA)打印机的工作原理、技术特点、成形材料和典型的打印设备,且结合 3D 打印产品后处理工艺、快速模具制造技术进行阐述。本书以"工学结合、项目教学、任务驱动"的职业教育理念,结合工业、文创类等设计实例进行了操作演示,具有较强的实际应用价值和参考价值。

图书在版编目(CIP)数据

3D 打印技术及应用 / 李华雄,张志钢主编. -- 重庆:
重庆大学出版社,2021.2
(增材制造技术丛书)
ISBN 978-7-5689-1750-6

Ⅰ.①3… Ⅱ.①李… ②张… Ⅲ.①立体印刷—印刷
术 Ⅳ.①TS853

中国版本图书馆 CIP 数据核字(2019)第 182854 号

3D 打印技术及应用
3D DAYIN JISHU JI YINGYONG

主　编　李华雄　张志钢
副主编　王　晖　郑宇城　余广伟
策划编辑:周　立

责任编辑:周　立　刘秀娟　　版式设计:周　立
责任校对:刘志刚　　　　　　　责任印制:张　策

*

重庆大学出版社出版发行
出版人:饶帮华
社址:重庆市沙坪坝区大学城西路 21 号
邮编:401331
电话:(023)88617190　88617185(中小学)
传真:(023)88617186　88617166
网址:http://www.cqup.com.cn
邮箱:fxk@cqup.com.cn(营销中心)
全国新华书店经销
重庆华林天美印务有限公司印刷

*

开本:787mm×1092mm　1/16　印张:22.5　字数:564千
2021 年 2 月第 1 版　　2021年2月第 1 次印刷
印数:1—2 000
ISBN 978-7-5689-1750-6　定价:59.00 元

前　言

3D 打印技术是具有工业革命意义的新兴制造技术,它正逐步融入产品的研发、设计和生产的各个环节,是材料科学、制造工艺与信息技术的高度融合与创新,是推动生产方式向柔性化、绿色化发展的重要途径,是优化、补充传统制造方式,催生生产新模式、新业态和新市场的重要手段。当前,3D 打印技术已在装备制造、机械电子、军事、医疗建筑、食品等多个领域开始应用,这些产业呈现快速增长势头,发展前景良好。

本书阐述了逆向设计与 3D 打印技术的相关概念,逆向设计的应用范围和发展趋势,产品数据的采集方法与测量设备的选择依据,详细说明了拍照式扫描仪测量系统和手持式激光扫描仪测量系统的测量原理、测量精度、测量方法、点云数据预处理、模型的重构技术。此外还介绍了 3D 打印技术的原理和 3D 打印技术的分类,3D 打印常用的材料及其特性。本书还详细介绍了熔融堆积成型(FDM)、光固化快速成型(SLA)打印机的工作原理、技术特点、成形材料和典型的打印设备,且结合 3D 打印产品后处理工艺、快速模具制造技术进行阐述。本书以"工学结合、项目教学、任务驱动"的职业教育理念,结合工业、文创类等设计实例进行了操作演示,具有较强的实际应用价值和参考价值。

教学过程中通过小组合作工作模式,培养学生的沟通技巧,锻炼学生的协作能力和团队合作精神;通过小组长负责制,培养学生的项目分解能力和管理能力;通过真实的项目产品制作,培养学生的成本意识和 5S 管理意识。

本书由佛山职业技术学院李华雄、佛山市顺德区勒流职业技术学校张志钢担任主编,佛山职业技术学院王晖、佛山市顺德区勒流职业技术学校郑宇城、佛山市顺德区勒流职业技术学校余广伟担任副主编。参加本书编写的还有广东银纳增材制造技术有限公司工程师王锴伟、黄俊铭。其中,项目 1 由黄俊铭编写;项目 2 由王晖编写;项目 3 由余广伟编写;项目 4、5 由张志钢编写;项目 5 由郑宇城编写;项目 6 由李华雄编写;项目 7 由王锴伟编写。在编写过程中,中峪智能增材制造加速器有限公司、北京天远三维科技有限公司等提供了大量帮助,本书是广东省佛山市顺德区"2016 年顺德区提升中职学校办学效益建设项目——精壹模具班现代学徒制教学模式应用与推广项目"阶段的研究成果。

本书为了方便学生学习,做成了新形态教材,书中重要的知识点配有二维码,学生通过扫描二维码可以反复观看和学习本知识点内容。本书共链接慕课视频 31 个和对应的课件资源 27 个。以上数字化教学资源全部上传到出版社数字资源平台,教师和学生可以通过扫描教材封底二维码或者登录重庆大学出版社教材平台,使用手机、电脑、ipad 等移动终端进行资源的在线观看、浏览,教师可以在线备课,学生可根据实际需求进行线上和线下学习,本书资源为出版社和学校共同开发。

　　本书注重创新,以突出操作技能为主导,立足于应用。书中全部实例均有详细的操作步骤及附图,读者可以依据本书进行操作练习,边学边练。由于作者水平有限,书中难免存在疏漏与不妥之处,希望读者批评指正,以便在本书修订时进行完善。

编　者

2020 年 10 月

目　录

项目 1　天远 OKIO 扫描仪基本操作 ………………………………………………… 1

　任务 1.1　校准 OKIO 扫描仪 ………………………………………………………… 1

　　1.1.1　任务描述及案例引入 ………………………………………………………… 1

　　1.1.2　任务目标 ……………………………………………………………………… 1

　　1.1.3　逆向工程技术介绍 …………………………………………………………… 2

　　1.1.4　扫描仪校准过程及操作 ……………………………………………………… 8

　　1.1.5　任务总结 ……………………………………………………………………… 13

　任务 1.2　演示模型数据采集 ………………………………………………………… 14

　　1.2.1　任务描述及案例引入 ………………………………………………………… 14

　　1.2.2　任务目标 ……………………………………………………………………… 14

　　1.2.3　扫描前处理准备工具介绍 …………………………………………………… 14

　　1.2.4　配备工具的使用过程及操作 ………………………………………………… 17

　　1.2.5　任务总结 ……………………………………………………………………… 23

　任务 1.3　演示模型点云数据处理 …………………………………………………… 24

　　1.3.1　任务描述及案例引入 ………………………………………………………… 24

　　1.3.2　任务目标 ……………………………………………………………………… 24

　　1.3.3　点云数据介绍以及格式文件 ………………………………………………… 24

　　1.3.4　点云数据处理过程以及操作 ………………………………………………… 29

　　1.3.5　任务总结 ……………………………………………………………………… 46

项目 2　初级案例逆向设计过程 ……………………………………………………… 47

　任务 2.1　初级案例数据处理 ………………………………………………………… 47

　　2.1.1　任务描述及案例引入 ………………………………………………………… 47

　　2.1.2　任务目标 ……………………………………………………………………… 47

　　2.1.3　初级案例数据采集前处理 …………………………………………………… 48

　　2.1.4　点云数据处理过程以及操作 ………………………………………………… 48

　　2.1.5　任务总结 ……………………………………………………………………… 57

　任务 2.2　初级案例逆向建模 ………………………………………………………… 58

　　2.2.1　任务描述及案例引入 ………………………………………………………… 58

　　2.2.2　任务目标 ……………………………………………………………………… 58

　　2.2.3　逆向建模软件的认识 ………………………………………………………… 58

　　2.2.4　初级案例逆向建模过程以及操作 …………………………………………… 61

2.2.5 任务总结 ·· 80

项目 3 中级案例逆向设计过程 ·························· 81

任务 3.1 中级案例数据处理 ······························ 81

3.1.1 任务描述及案例引入 ······························ 81

3.1.2 任务目标 ·· 81

3.1.3 中级案例数据采集前处理 ···················· 82

3.1.4 点云数据处理过程以及操作 ················· 82

3.1.5 任务总结 ·· 91

任务 3.2 中级案例逆向建模 ······························ 92

3.2.1 任务描述及案例引入 ······························ 92

3.2.2 任务目标 ·· 92

3.2.3 逆向建模技术工作流程及特点 ·············· 92

3.2.4 中级案例逆向建模过程以及操作 ·········· 93

3.2.5 任务总结 ·· 128

项目 4 高级案例逆向设计过程 ·························· 129

任务 4.1 高级案例数据处理 ······························ 129

4.1.1 任务描述及案例引入 ······························ 129

4.1.2 任务目标 ·· 129

4.1.3 高级案例数据采集前处理 ···················· 130

4.1.4 点云数据处理过程以及操作 ················· 130

4.1.5 任务总结 ·· 140

任务 4.2 高级案例逆向建模 ······························ 141

4.2.1 任务描述及案例引入 ······························ 141

4.2.2 任务目标 ·· 141

4.2.3 Geomagic Design X 软件及其特点 ········ 141

4.2.4 高级案例逆向建模过程以及操作 ·········· 143

4.2.5 任务总结 ·· 229

项目 5 FDM 成型工艺 ······································ 230

任务 5.1 FDM 技术简介 ···································· 231

5.1.1 3D 打印概念 ·· 231

5.1.2 FDM 技术工艺 ··· 233

5.1.3 设备结构 ·· 236

5.1.4 FDM 机器分类 ··· 237

5.1.5 FDM 机器挤出机分类 ······························ 238

5.1.6 FDM 高温打印 ··· 239

任务 5.2 切片软件设置 ······································ 240

5.2.1　Cura 软件 ·· 240

5.2.2　打印平台设置 ·· 241

5.2.3　切片参数设置 ·· 242

5.2.4　切片预览与导出 ··· 243

任务 5.3　设备操作 ··· 244

5.3.1　设备介绍 ·· 244

5.3.2　换料操作 ·· 246

5.3.3　设备上机打印 ·· 249

任务 5.4　模型后处理 ·· 250

5.4.1　后处理准备工作 ··· 250

5.4.2　取下 FDM 机器打印模型 ·· 251

5.4.3　模型打磨处理 ·· 252

5.4.4　打磨工艺 ·· 254

5.4.5　模型打磨处理 ·· 256

项目 6　SLA 成型工艺 ·· 257

任务 6.1　SLA 技术简介 ··· 258

6.1.1　SLA 成型工艺 ·· 258

6.1.2　SLA 成型系统结构 ·· 261

6.1.3　约束液面式结构 SLA 打印机 ··································· 264

任务 6.2　Magics 软件简介 ·· 266

6.2.1　Magics 软件介绍 ··· 266

6.2.2　平台创建 ·· 266

6.2.3　实体创建 ·· 269

任务 6.3　模型修复 ··· 270

6.3.1　STL 数据 ·· 270

6.3.2　分析损坏的 STL 文件 ··· 271

6.3.3　STL 文件修复技巧 ··· 274

6.3.4　其他模型修复软件 ·· 279

任务 6.4　模型修改 ··· 280

6.4.1　模型修改 ·· 280

6.4.2　装配结构设置 ·· 282

6.4.3　抽壳打孔 ·· 286

任务 6.5　支撑加载与导出 ··· 289

6.5.1　软件简介 ·· 289

6.5.2　创建机器平台及模型加载 ······································· 291

6.5.3　模型缺陷修复 ·· 293

6.5.4　成型方向或平台布局的确定方法 ······························ 294

6.5.5　生成支撑 ·· 295

6.5.6 支撑优化 ·· 297

6.5.7 数据输出 ·· 299

任务 6.6 设备操作 ·· 300

6.6.1 设备启动及关停 ·· 300

6.6.2 软件界面 ·· 302

6.6.3 模型打印操作流程 ·· 310

6.6.4 添加材料 ·· 310

任务 6.7 模型后处理 ··· 311

6.7.1 SLA 不同材质后处理 ··· 311

6.7.2 UV 光敏树脂面处理工艺 ······································· 314

6.7.3 真空镀处理工艺 ·· 316

6.7.4 丝印工艺 ·· 320

6.7.5 模型拼接 ·· 322

任务 6.8 特殊后处理 ··· 324

6.8.1 喷漆打磨 ·· 324

6.8.2 填眼灰补件 ·· 325

6.8.3 爽身粉补件 ·· 326

项目 7 硅胶复模 ··· 328

任务 7.1 硅胶模具的制作 ··· 329

7.1.1 硅胶模具的原材料 ·· 329

7.1.2 真空注型机 ·· 332

7.1.3 特效离型剂 ·· 335

7.1.4 硅橡胶快速模具制造 ··· 335

任务 7.2 真空浇注 ·· 342

7.2.1 硅胶复膜工艺 ·· 342

7.2.2 浇注材料 ·· 344

7.2.3 称取 A、B 料 ·· 346

7.2.4 浇注系统搭建 ·· 347

7.2.5 固化 ··· 348

7.2.6 取件 ··· 348

参考文献 ··· 349

项目 **1**

天远 OKIO 扫描仪基本操作

任务 1.1 校准 OKIO 扫描仪

1.1.1 任务描述及案例引入

某客户有一工件需要建模并对其进行创新设计,因设计周期较短,需使用逆向工程技术进行扫描记录,现使用天远 OKIO 蓝光三维扫描仪对目标工件进行扫描数据的采集。

1.1.2 任务目标

(一)能力目标

(1)掌握 OKIO 扫描仪的扫描校准操作

(2)能够使用 OKIO 扫描仪新建扫描工程

(3)能够熟练使用扫描的配备工具

(二)知识目标

(1)了解天远三维扫描仪的种类

(2)了解 OKIO 扫描仪的整体功能特点

(3)学习 OKIO 扫描仪的具体技术参数

(三)素质目标

(1)具有严谨、求实精神

(2)具有个人实践创新能力

(3)具备 5S 职业素养

1.1.3 逆向工程技术介绍

(一)逆向工程的认识

(1)逆向工程的基本概念

逆向工程(又称逆向技术),是一种产品设计技术再现过程,即对一项目标产品进行逆向分析及研究,从而演绎并得出该产品的处理流程、组织结构、功能特性及技术规格等设计要素,以制作出功能相近,但又不完全一样的产品。逆向工程源于商业及军事领域中的硬件分析。其主要目的是在不能轻易获得必要的生产信息的情况下,直接从成品分析、推导出产品的设计原理。逆向工程流程如图 1-1 所示,正向设计流程如图 1-2 所示。

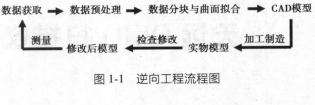

图 1-1 逆向工程流程图

图 1-2 正向设计流程图

(2)逆向工程工作流程

逆向工程工作流程参阅图 1-3。

逆向工程是出现在先进制造领域里的新技术。与"概念产品设计→产品 CAD 数字模型→产品(物理模型)"传统的正向设计不同,首先通过数据采集,采用高精度三维扫描仪对已有的实物原型、样品或模型进行准确、高速的扫描,得到其三维轮廓数字数据,然后配合逆向软件进行数据处理和曲面重构。再对重构的曲面进行精度分析、评价构造效果,在原型基础上进行再设计,实现创新,最终构造出实物的三维模型并生成 IGES(初始化图形交换规范)或 STL(标准模块库)数据文件,根据此文件可进行快速成型或 CNC 数控加工,进而得到功能相近但又不完全一样的产品。

1)数据采集

数据采集是逆向工程实现的初始条件,是数据处理、模型重建的基础。其利用相关的测量设备,根据产品模型测量得到空间拓扑离散点数据,并将测量结果以文件或数据库的方式存储起来,以备将来检索调用,该技术的好坏直接影响对实物(零件)描述的精确度和完整度,影响数字化实体几何信息的进度,进而影响重构的 CAD 曲面和实体模型的质量,最终影响整个逆向工程的进度和质量,所以,数据采集方法对逆向工程至关重要。

2)三维轮廓数字数据(点云)

三维轮廓数字数据是一组特殊的测量数据点,通常由三维扫描系统获得。由于数据点的数量较大,也称作点云数据。点云是三维空间中数据点的集合,最小的点云数据只包括一个点(称孤点或奇点),大型点云数据可达到几百万数据点或更多。为了能有效处理各种形式的点云数据,需要配合点云处理软件,称为数据预处理或封装数据。

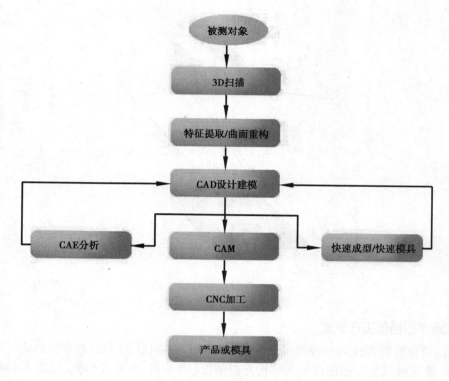

图 1-3　逆向工程工作流程

3）数据预处理

在实际测量中，由于各种随机人为因素影响的存在，测量数据会存在误差，特别是在产品边缘附近的测量数据和测量数据中含有的噪点，可能使该点及其周围的曲面偏离原曲面，如果直接使用测量得到的数据用于曲线、曲面造型，会造成重构模型不能满足精度要求。对于那些测量误差太大的点云数据，会导致拟合后的曲面发生变形、翘曲等问题。因此，在进行曲面重构之前必须对点云数据预处理。预处理数据一般使用专业软件进行，工作内容包括删除噪点、去除体外孤点、平滑数据和封装数据等。

4）模型重构

将预处理后的三维数据导入 CAD 软件系统中，分别依据三维数据参照原模型做表面模型的拟合，并通过各表面的求交与拼接获取零件原型表面的 CAD 模型。

5）重构模型的检验与修正

根据重构的数字模型，一般采用机械加工或 3D 打印技术加工出样品，检验重构的 CAD 模型是否满足精度或其他试验性能指标的要求，对不满足要求的部分重复模型重构过程，直至达到零件的逆向工程设计要求。

（二）光学扫描仪工作原理

整个扫描过程基于光学测量原理。首先将一系列编码的光栅投影到物体表面，通过光的反射获得物体在空间里点的三维坐标。由光栅投影在待测物上，并加以粗细变化及位移，配合 CCD Camera 对所采集的数字影像进行处理，即可得知待测物的实际 3D 外形，具体三维扫描原图如图 1-4 所示。

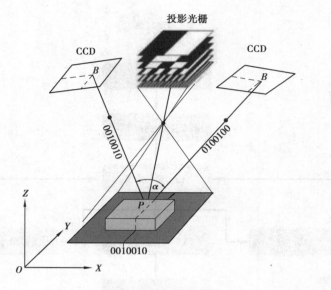

图 1-4　三维扫描原理图

（三）光学扫描仪工作原理

三维扫描仪的种类按测量种类可分为接触式三维扫描仪（图 1-5）和非接触式三维扫描仪（图 1-6）。非接触式三维扫描仪分为结构光扫描仪（图 1-7）、激光式扫描仪（图 1-8）和拍照式扫描仪（图 1-9）三种。

图 1-5　接触式三维扫描仪

图 1-6　非接触式三维扫描仪

图 1-7　结构光扫描仪

图 1-8　激光式扫描仪

图 1-9   拍照式扫描仪

（四）扫描种类介绍

（1）结构光扫描

结构光扫描是 3D 扫描的一个光学方法,它投射出一组用数学方法构造的光图形,按照一定顺序照亮被测量的物体。根据投影仪放置的距离,由已知的摄像头同步捕捉一组被照亮物体的图像。相比用于校准的平面基准表面,获得的点云数据更多用于被扫描物体表面 3D 模型的计算构造,结构光扫描原理如图 1-10 所示。

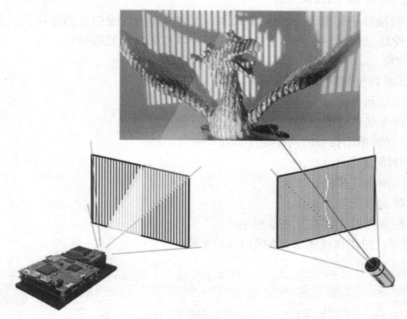

图 1-10   结构光扫描原理图

（2）激光式扫描

激光式扫描是由激光器发射一条线激光到目标物上,摄像头通过某个固定角度检测该激光在物体上的反射,然后通过三角测量原理确定物体表面的高度和宽度信息,激光式扫描原理如图 1.-11 所示。

（3）拍照式扫描

拍照式扫描是基于光学三角测量原理,采用非接触式测量方式,首先投影模块将一系列编码光栅投影到物体表面,由采集模块得到相应被调制的图像,然后通过特有的算法获取点云数据的三坐标,拍照式扫描原理如图 1-12 所示。

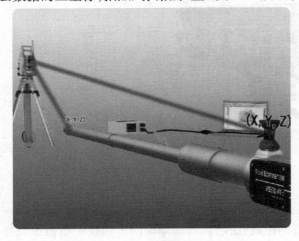

图 1-11 激光式扫描原理图

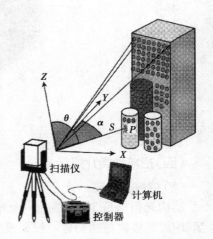

图 1-12 拍照式扫描原理图

(五)天远 OKIO-5M 扫描仪简介

OKIO-5M 扫描仪是北京天远三维旗下的一款结构光学三维扫描测量设备。该设备被广泛应用于工业设计、制鞋行业、汽车工业、玩具行业以及文物修复等领域。

(1)产品特点

- 500 万像素高分辨率蓝光工业相机;
- 最高精度达到 5 μm;
- 支持多达 1 亿顶点数据量;
- 超高速扫描,单幅扫描时间小于 1.5 s;
- 全新碳纤维结构设计;
- 实时显示网格化模型;
- 系统自带对齐及检测模块;
- 可支持配套高速无线蓝牙光学触笔。

(2)技术参数,扫描仪技术参数如图 1-13 所示。

产品型号	OKIO-5M			
	OKIO-5M-400	OKIO-5M-200	OKIO-5M-100	OKIO-5M-D
测量范围 /mm	400×300	200×150	100×75	可定制
测量精度 /mm	0.015	0.01	0.005	
平均点距 /mm	0.16	0.08	0.04	
传感器 /px	5,000,000×2			
光源	蓝光(LED)			
扫描速度	小于1.5秒			
扫描方式	非接触拍照式			
拼接方式	"一键式"标志点全自动拼接			
精度控制方式	内置GREC全局误差控制模块;支持三维摄影测量系统(照相定位)			
数据输出格式	ASC，STL，OBJ，OKO			
电脑配置要求	操作系统：WIN7 64bit CPU：Intel 酷睿 i7 3770及以上 显卡：NVIDIA GeForce GT 670 及以上 内存：16G DDR3 1600及以上			

图 1-13 扫描仪技术参数

（六）天远扫描仪种类

天远扫描仪种类多样,具体样式分别如图 1-14 至图 1-20 所示。

图 1-14　OKIO-5M Plus 扫描仪

图 1-15　OKIO-5M 扫描仪

图 1-16　OKIO-3M 扫描仪

图 1-17　OKIO E 扫描仪

图 1-18　FreeScan 手持式激光扫描仪

图 1-19　3DProbe 光学测量仪

图 1-20　OKIO ColorScan 真彩扫描仪

1.1.4 扫描仪校准过程及操作

（一）扫描仪校准标定

（1）校准原因

三维扫描仪是一种高精度的测量仪器，对环境、温度、湿度以及天气有较强的敏感性，通常设备的组装、天气恶劣以及设备有磕碰的情况下都要对扫描仪进行校准。

（2）需准备的工具

需准备的工具：3D Scan-OKIO 扫描系统和校准标定板，如图 1-21 和图 1-22 所示。

图 1-21　3D Scan-OKIO 扫描系统　　　　图 1-22　校准标定板

（二）设备校准流程

步骤 1：双击打开"3D Scan-OKIO 扫描系统"如图 1-23 所示。

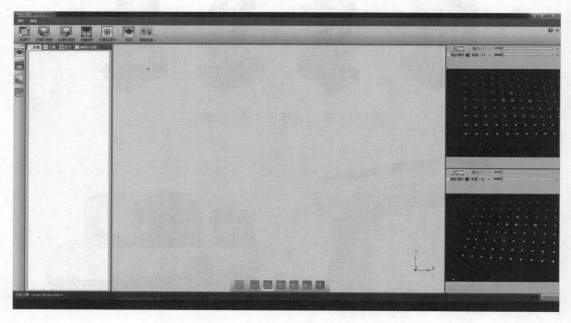

图 1-23　打开软件

校准 OKIO 扫描仪

步骤 2：点击"标定"，显示"标定信息确认"窗口，按照默认参数设置，点击"确定"即可，如图 1-24 所示。

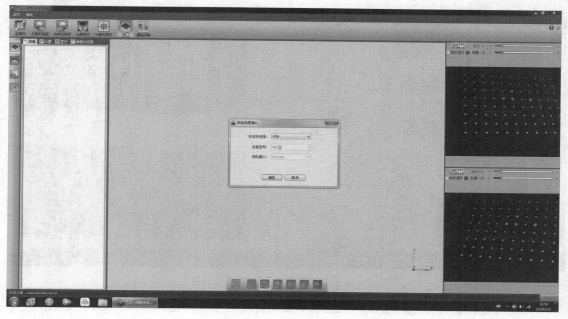

图 1-24　标定参数设置

步骤 3：软件自动跳转到标定模式，进行设备标定第一步。按照视图中的指示调节扫描仪，直至显示图的符号均变为绿色，点击"位置：1"即可，如图 1-25 所示。

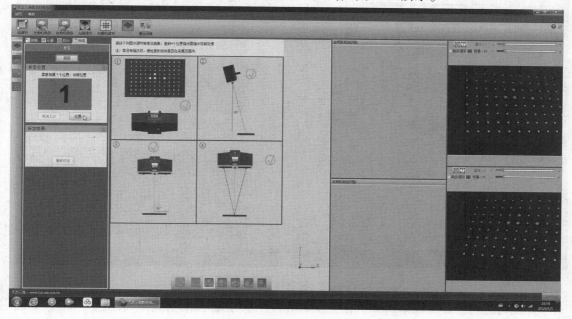

图 1-25　设备标定第一步

步骤 4：进行设备标定第二步。同样按照标定第一步调节扫描仪，直至显示图的符号均变为绿色，点击"位置：2"即可，如图 1-26 所示。

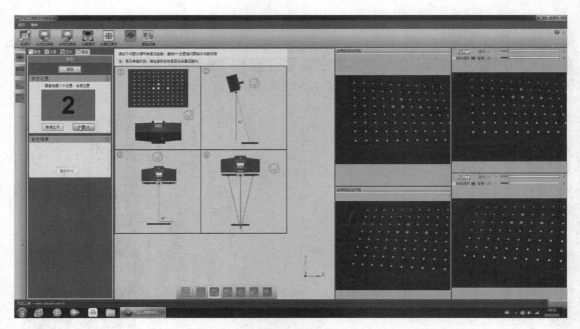

图 1-26　设备标定第二步

步骤 5:进行设备标定第三步。直至显示图的符号均变为绿色,点击"位置:3"即可,如图 1-27 所示。

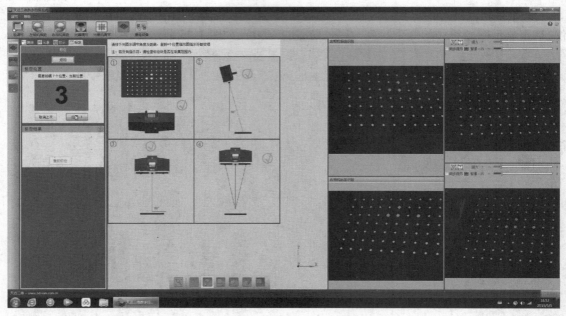

图 1-27　设备标定第三步

步骤 6:进行设备标定第四步。直至显示图的符号均变为绿色,点击"位置:4"即可,如图 1-28 所示。

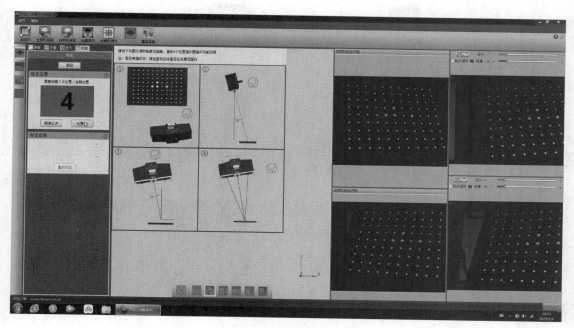

图 1-28　设备标定第四步

步骤 7：进行设备标定第五步。直至显示图的符号均变为绿色，点击"位置：5"即可，如图 1-29 所示。

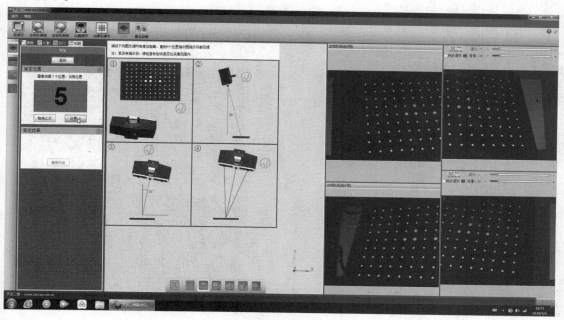

图 1-29　设备标定第五步

步骤 8：进行设备标定第六步。直至显示图的符号均变为绿色，点击"位置：6"即可，如图 1-30 所示。

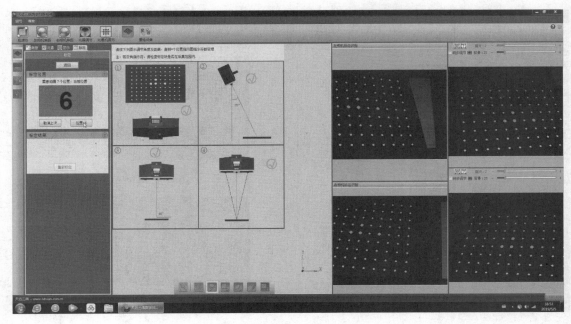

图 1-30　设备标定第六步

步骤 9：进行设备标定的最后一步。直至显示图的符号均变为绿色,点击"位置:7"即可,如图 1-31 所示。

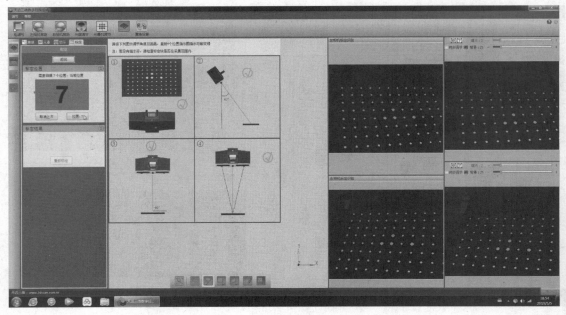

图 1-31　设备标定最后一步

步骤 10：完成七步校准操作后可点击"计算",检验校准的过程,如图 1-32 所示。

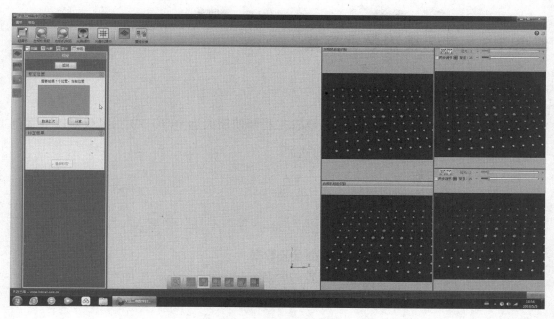

图 1-32　设备标定计算

步骤 11：计算完成后，弹出"设备标定成功"窗口，设备标定完成，如图 1-33 所示。

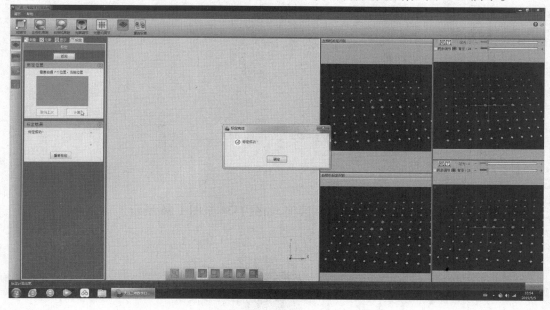

图 1-33　设备标定完成

1.1.5　任务总结

本任务首先对逆向工程技术进行了详细的介绍，阐述了目前市场上存在的不同类型的扫描仪以及天远三维旗下的扫描仪种类；以 OKIO-5M 扫描仪作为案例介绍实际操作校准整体流程。使学生熟悉天远 OKIO 三维扫描仪的工作原理、种类以及设备特点，掌握 OKIO 三维扫描仪的校准流程及具体操作，能够熟练使用扫描的配备工具以及了解工具的适用范围。

任务 1.2　演示模型数据采集

1.2.1　任务描述及案例引入

因逆向工程技术技能培训的需要,要求工程师使用天远 OKIO-5M 扫描仪对以下案例工件进行点云数据采集。

1.2.2　任务目标

（一）能力目标

（1）掌握分析模型的方向

（2）能够使用 OKIO 扫描仪采集模型点云数据

（3）能够解决模型采集数据引起误差的因素

（二）知识目标

（1）了解模型数据采集前处理的重要性

（2）学会模型数据采集的方法及流程

（3）了解数据采集的影响因素

（三）素质目标

（1）具有严谨、求实精神

（2）具有个人实践创新能力

（3）具备 5S 职业素养

1.2.3　扫描前处理准备工具介绍

（一）扫描配备工具

（1）工具的介绍

扫描配备工具有:显像剂、标志点和油泥,如图 1-34 至图 1-36 所示。

图 1-34　显像剂

图 1-35　标志点

图 1-36　油泥

（2）显像剂适用范围

如表 1-1 所示，对于不同颜色材质物体的使用方法，如图 1-37、图 1-38 所示。

图 1-37　黑色物体（吸光）

图 1-38　透明物体（透光）

表 1-1　显像剂使用范围

类型	原因	解决方法
黑色物体	因为黑色会吸收光，而 ZEISS 扫描仪是蓝光扫描仪，吸收光后无法反射信号得出物体的特征，所以黑色物体无法直接进行扫描操作。	喷涂显像剂
透明物体	因为透明物体会透光，从而无法对光进行反射得出物体特征，所以透明物体无法直接进行扫描操作。	喷涂显像剂

（3）标志点使用范围

如表 1-2 所示，其物体如图 1-39、图 1-40 所示。

图 1-39　回旋物体

图 1-40　大尺寸件

表 1-2　标志点使用范围

类型	原因	解决方法
回旋物体	因为回转物体公共特征拼接处较少，所以难以进行扫描拼接操作，需要在物体表面贴上标定点起到拼接作用。	在需拼接的位置贴标定点
大尺寸件	因为大尺寸工件超过扫描仪的扫描幅面，无法扫描完全，所以需要在物件表面贴上标志点起到拼接作用。	在需拼接的位置贴标定点

（4）油泥的作用

油泥的作用，如表 1-3 所示。

表 1-3　油泥的作用

油泥的作用	原因
固定物体方位	因为有部分物体特征或形状难以安放，所以使用油泥作为夹具将物体固定在转盘上，以方便扫描
作为辅助特征	由于回转物体公共特征拼接处较少，难以拼接，从而用油泥增设特征，方便拼接特征，扫描点云拼接后把油泥点云删除即可。

（二）模型分析的重要性

模型数据采集前的首要步骤是对模型案例进行分析，往往扫描出现问题或者数据采集有较大的缺失都是因为模型数据的前期处理没有做好。

（三）数据采集影响因素（表 1-4）

（1）扫描精度对比（图 1-41）

图 1-41　精度对比

（2）影响因素

表 1-4　精度影响因素

表现形式	原因	解决方式
扫描数据缺失	标定不当,标尺使用不当	点云数据采集前,需对设备进行校准标定
多层点云	测量镜头组合选择不当	根据被测对象的大小、表面特征的多少及其复杂程度选择不同的镜头组合
数据明显偏差	测量环境选择不当	应在恒温恒湿的环境下进行操作;避免测量过程发生扫描仪碰撞和工作台摇晃
点云拼接错误	扫描物体的自身因素(如透明、黑色)导致	根据实际物体表面进行相应的喷涂显像剂处理。

1.2.4　配备工具的使用过程及操作

（一）工具的使用

（1）显像剂使用

步骤 1:揭开显像剂瓶盖子后充分摇匀,以防沉淀物的积累,如图 1-42 所示。

扫描配备
工具的使用

图 1-42　揭开盖子摇匀

步骤 2:距离物体 15~20 cm 处开始喷涂显像剂,如图 1-43 所示。

图 1-43　喷嘴距离物体 15~20 cm

步骤 3：喷涂薄薄一层显像剂。喷涂时切勿喷涂过厚，以免影响模型特征，如图 1-44 所示。

图 1-44　均匀喷涂在物体表面

（2）标志点使用

步骤 1：根据目标物体的大小选择相应规格的标定点，如图 1-45 所示。

图 1-45　粘贴标志点

步骤 2：撕下标志点，在物体上进行粘贴，使用尺寸较小的标志点需使用镊子夹捏；公共特征区域需显示至少四个点；贴标志点不能出现重叠或粘贴到特征区域处，如图 1-46、图 1-47 所示。

图 1-46　粘贴标志点

图 1-47　贴点完成

（二）分析案例

模型外表面为高度反光的铝材质，扫描时若不作处理，会使数据采集时导致无法采集反光处，致使扫描的点云数据出现较大的缺失，如图 1-48 所示。

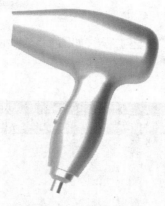

图 1-48 模型案例

案例扫描前处理

（三）案例处理

（1）喷涂显像剂

案例喷涂前后对比效果，如图 1-44、图 1-45 所示。

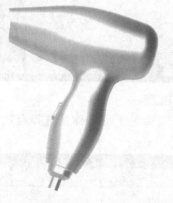

图 1-49 喷涂前

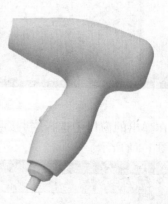

图 1-50 喷涂后

（2）粘贴标志点

标志点粘贴前后效果对比如图 1-51、图 1-52 所示。

图 1-51 贴点前

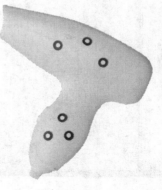

图 1-52 贴点后

（四）3D Scan 软件操作

步骤 1：新建扫描测量，点击"新建工程"，如图 1-53 所示。

案例扫描测量

图 1-53　新建工程

步骤 2：在弹出的窗口中选择"拼接测量工程"，命名工程名称及选择存放路径后点击"确定"即可，如图 1-54 所示。

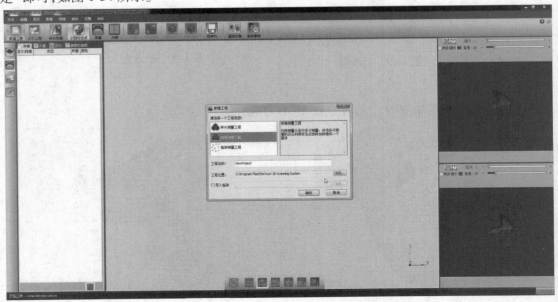

图 1-54　选择"拼接测量工程"

步骤 3:进入工程后需根据相机中的情况调节"曝光"以及"背景",调节至对比度鲜明即可,如图 1-55 所示。

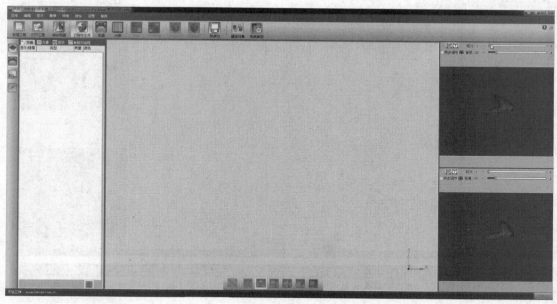

图 1-55　调节曝光和背景

步骤 4:转动转盘调节模型位置,扫描仪投射的蓝光识别到标志点会显示绿色,显示四个标志点即可扫描,如图 1-56 所示。

图 1-56　识别四个以上标志点

步骤 5:点击"测量",扫描仪进入光栅扫描采集模型数据,如图 1-57 所示。

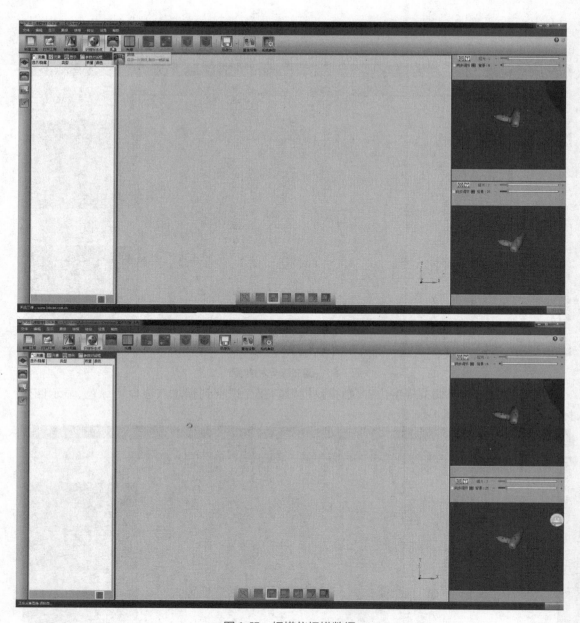

图 1-57　扫描仪扫描数据

步骤 6:模型数据采集完成后显示在主窗口,如图 1-58 所示。

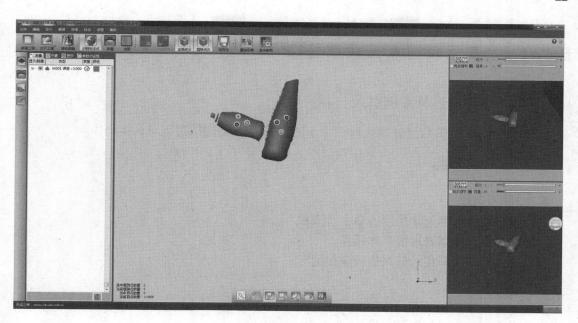

图 1-58 数据采集

步骤 7：旋转转盘调整模型位置，以公共标志点自动拼接，扫描摆放方位不同的模型，直至采集数据完毕，如图 1-59 所示。

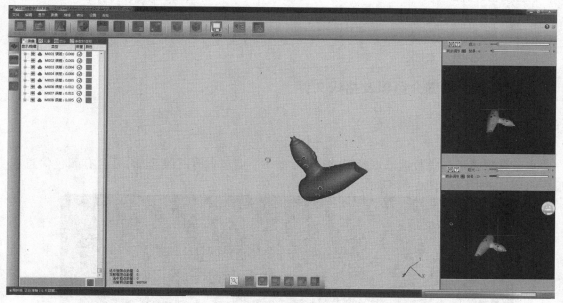

图 1-59 自动拼接数据

1.2.5 任务总结

本任务重点讲述了扫描仪数据采集前所需处理的工作以及所需工具，详细讲述了各种工具的使用范围。使学生能够掌握模型分析的方法，可操作 OKIO 扫描仪采集模型点云数据，了解模型数据采集前处理的重要性以及采集方法、流程，能够辨识并解决数据采集引起的误差因素。

任务 1.3　演示模型点云数据处理

1.3.1　任务描述及案例引入

技术工程师以点云数据处理进行授课,讲授点云数据处理的过程与具体操作。

1.3.2　任务目标

(一)能力目标

(1)掌握点云数据处理使用的命令及流程
(2)掌握点云数据处理的具体操作
(3)能够对扫描采集的数据进行坐标配对

(二)知识目标

(1)了解点云数据处理的作用
(2)学会案例点云数据处理操作
(3)了解数据坐标配对的重要性

(三)素质目标

(1)具有严谨、求实精神
(2)具有个人实践创新能力
(3)具备 5S 职业素养

1.3.3　点云数据介绍以及格式文件

(一)点云数据

(1)点云的认识

点云数据是指扫描数据以点的形式记录,每一个点包含有三维坐标,可含有颜色信息或反射强度,如图 1-60、图 1-61 所示。

图 1-60　点云 1

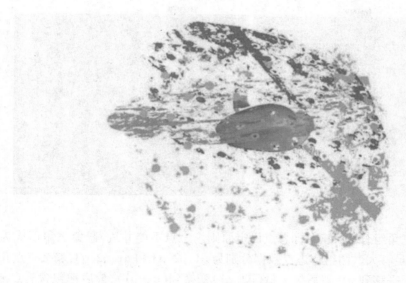

图 1-61　点云 2

（2）点云数据存在的问题

点云数据扫描过程有可能会存在一些问题，导致后期的逆向建模难以重构，表 1-5 为点云问题的处理方式。

表 1-5　点云问题的处理方式

点云问题	处理方式
存在非连接项	选择非连接项删除
含有体外孤点	选中体外孤点删除
噪点过多	减少噪音

（3）点云拼接的原理

对于拼接采用标定点来实现多视角测量和数据拼接的方法，对不同扫描视图上公共特征张贴的标志点进行坐标定位，从而快速实现两个不存在明确对应关系的点云视图间的准确关联，如图 1-62、图 1-63 所示为点云拼接的方法。

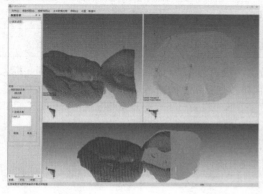

图 1-62

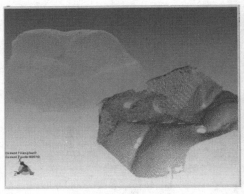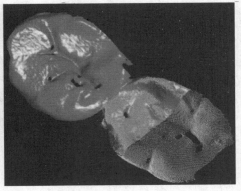

图 1-63

点云拼接基于三角组合法，三个标志点设定原则为三点不能共线，避免三角形成为狭长三角形，三角形面积足够大。两组标志点数据分别为 p1、p2、p3 和 q1、q2、q3,那么三点几何变换方法为:首先把 p1 平移到 q1,然后把矢量(p2-p1)变换到(q2-q1),最后把包含三点 p1、p2 和 p3 的平面变换到包含 q1、q2 和 q3 的平面,如图 1-64 所示。

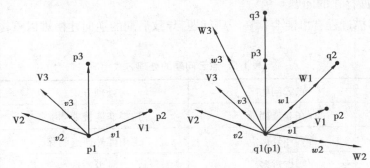

图 1-64　三角组合法变换

（4）拼接误差分析

拼接误差分析,如表 1-6 所示。

表 1-6　拼接误差分析

误差问题	误差原因
测量误差	由于扫描测量时累计误差,从而导致拼接误差的出现
量化误差	三维连续曲面用有限数字化点云表示时引入的误差,导致拼接会有缺陷
定位误差	对同一实际物理标志点在分次测量识别时产生的定位误差,因此在对同一标志点分区测量时产生了相对误差,从而拼接存在精度的问题

（二）点云数据处理流程

步骤 1:使用三维扫描仪扫描物体,如图 1-65 所示。

图 1-65　扫描物体

步骤 2：通过扫描采集模型数据，如图 1-66 所示。

图 1-66　获取点云

步骤 3：扫描点云数据的拼接，如图 1-67 所示。

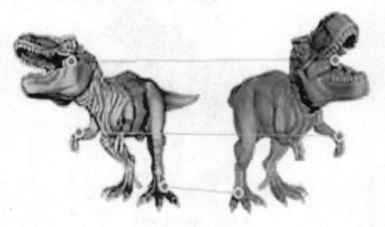

图 1-67　数据对齐

步骤 4：点云数据的处理，如图 1-68 所示。

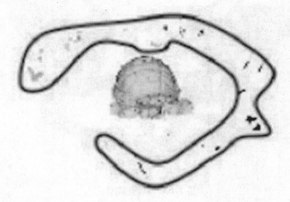

图 1-68　点云数据处理

步骤 5：点云封装转换为网格面片，如图 1-69 所示。

图 1-69　点云封装

步骤 6：网格面片的处理，如图 1-70 所示。

图 1-70　网格面片处理

1.3.4　点云数据处理过程以及操作

使用 Geomagic Wrap 软件对扫描仪采集的点云数据进行处理。

步骤 1:导入点云数据。点击"导入",将点云数据导入到 Geomagic Wrap 中,如图 1-71 所示。

案例点云
数据处理

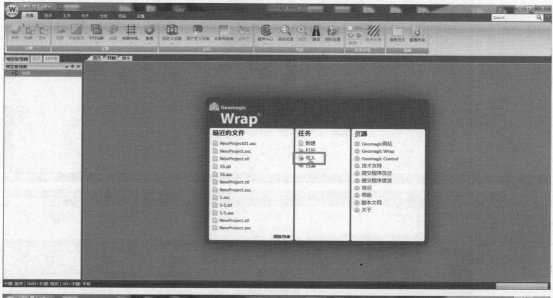

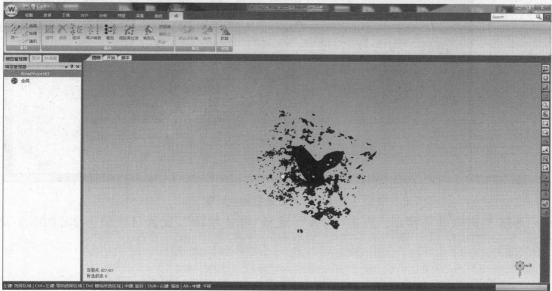

图 1-71　导入点云数据文件

步骤 2:着色点。点击"着色",选择"着色点",对点云进行着色处理,如图 1-72 所示。

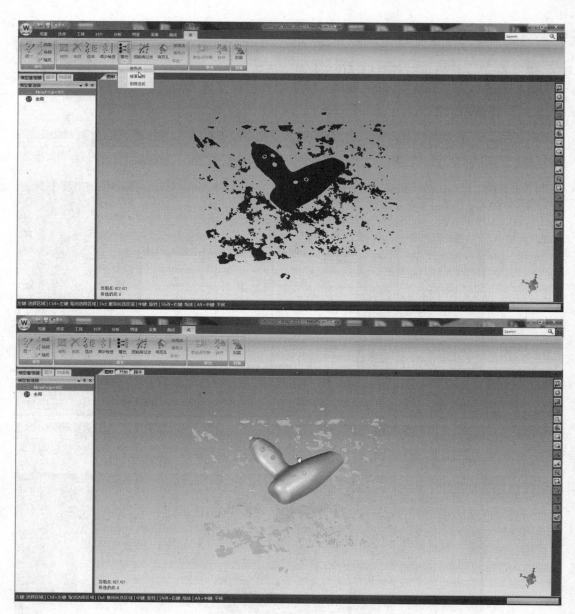

图 1-72　点云数据着色处理

步骤 3：删除非连接项。点击"选择"，选择"非连接项"，设置尺寸值为 20，如图 1-73 所示。

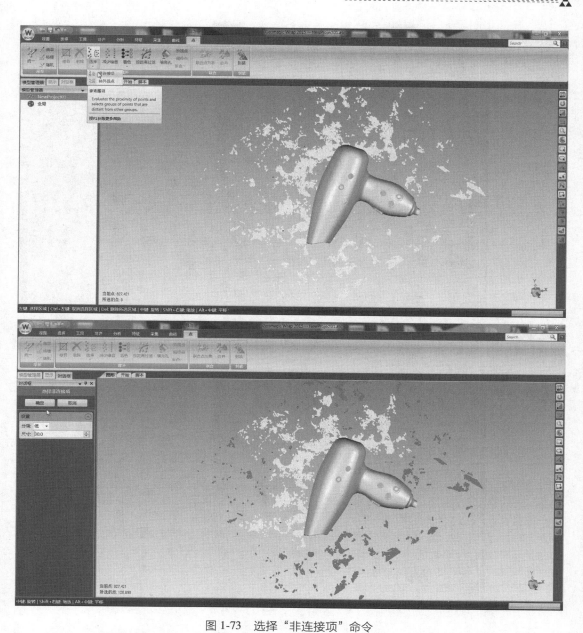

图 1-73　选择"非连接项"命令

步骤 4：完成设置后，点击"确定"，按 Delete 键删除非连接项，如图 1-74 所示。

图 1-74　删除非连接项

步骤 5：通过手动框选，将杂点框选中后按 Delete 键删除，如图 1-75 所示。

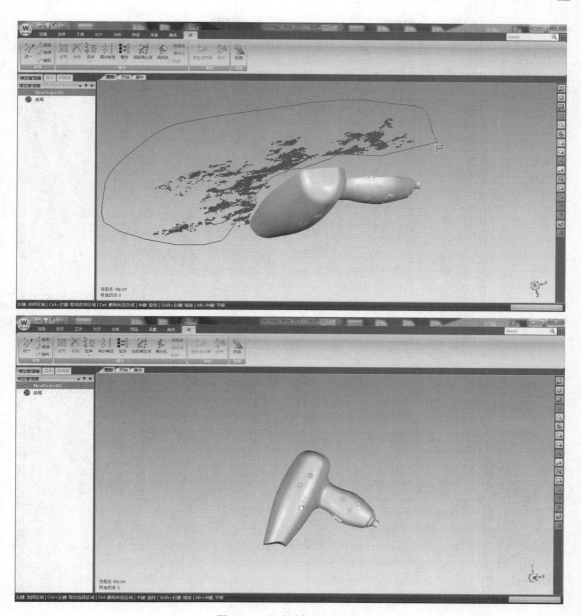

图 1-75　手动选择删除杂点

步骤 6：删除体外孤点。点击"选择"，选择"体外孤点"，设置敏感度数值为 80，如图 1-76
所示。

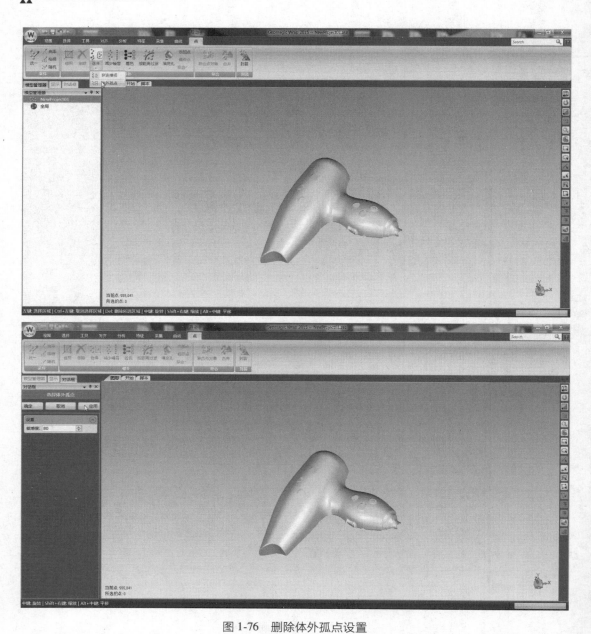

图 1-76　删除体外孤点设置

步骤 7：完成命令设置后，体外孤点被选中，按 Delete 键删除即可，如图 1-77 所示。

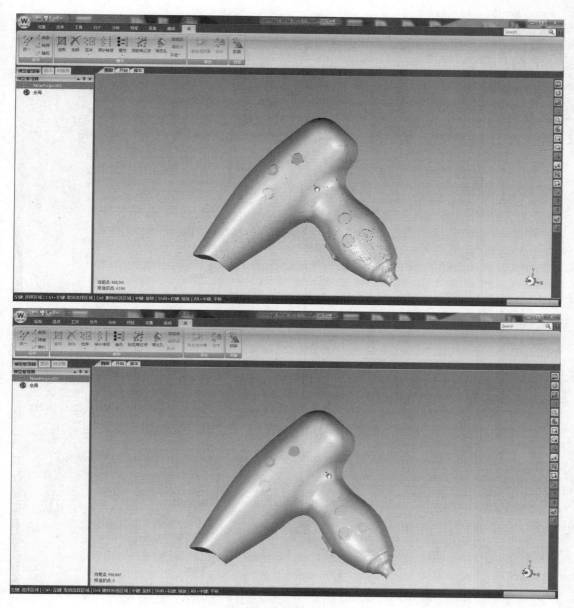

图 1-77　删除体外孤点

步骤 8：减少噪音。点击"减少噪音"，设置对应的参数，可将表面的点云相对均衡，如图 1-78 所示。

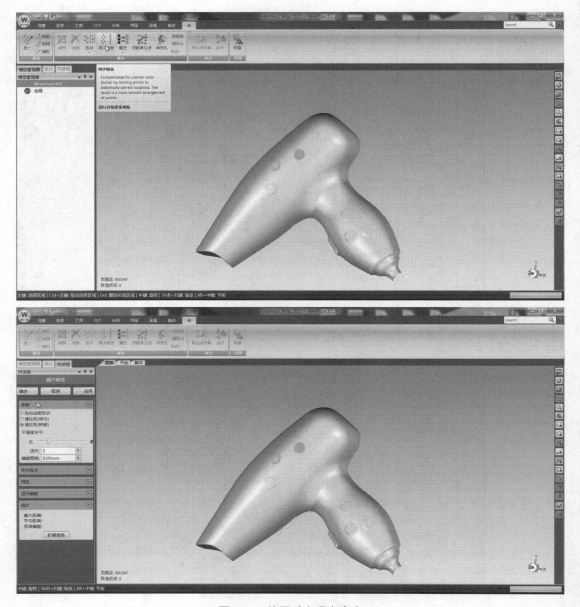

图 1-78　使用减少噪音命令

步骤 9：封装点云数据。完成点云的处理后即可点击"封装"，将点云数据转换为网格面片数据，勾选"保持原始数据"点击"确定"，将点云数据转换为网格面片，如图 1-79 所示。

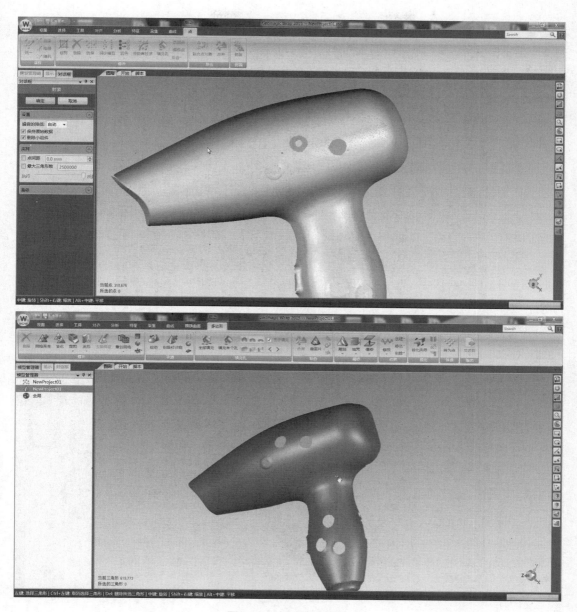

图 1-79　点云数据封装

步骤 10：填补破损区域。框选破损面的轮廓，这样做以免存在扫描出现的法向错误面片修补出现变形，按 Delete 键删除，点击"填补单个孔"，选择破损面的轮廓，再次点击"填补单个孔"即可完成孔洞修补，如图 1-80 所示。

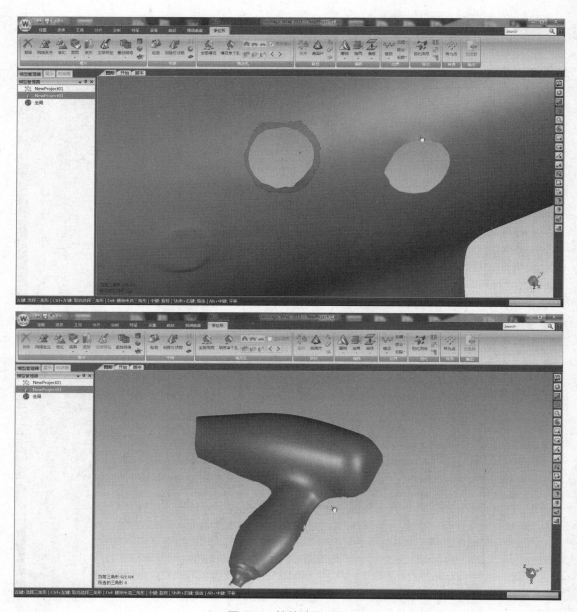

图 1-80　填补孔洞面片

步骤 11：创建平面。框选所需创建平面的区域，点击"特征"，选择"平面"中的"最佳拟合"选项，如图 1-81 所示。

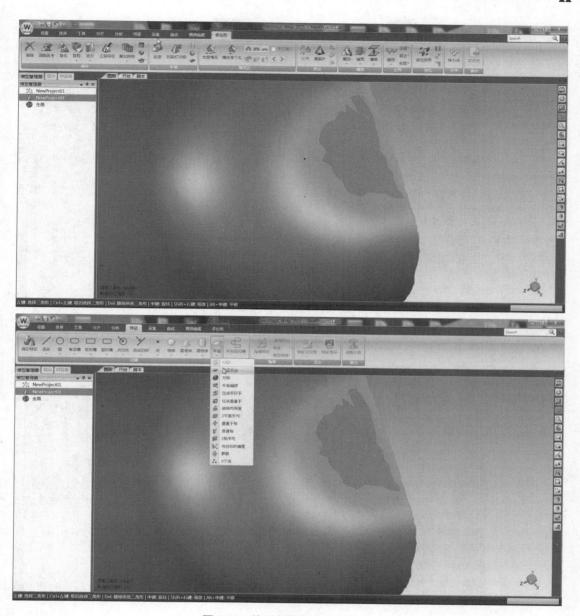

图 1-81　使用最佳拟合平面特征

　　步骤 12：勾选"接触特征"，点击"应用"后按"确定"，以该平面做出基准平面，如图 1-82 所示。

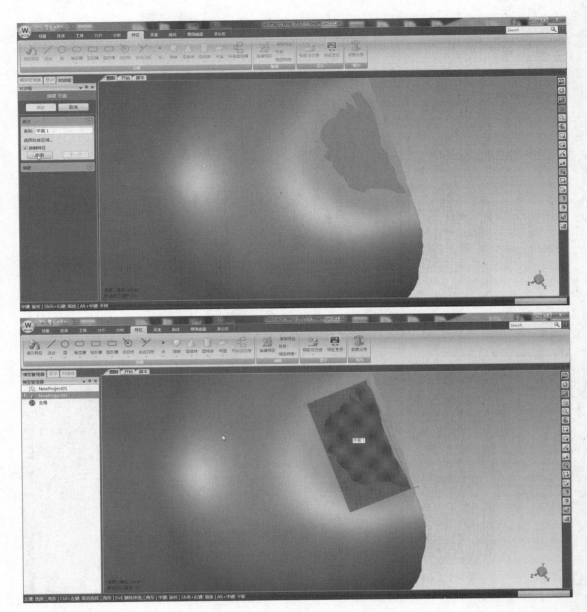

图 1-82 创建平面

　　步骤 13：创建平面配对至少需要两个平面，现创建另一个平面。选择"平面"中的"3 个点"，在面片上选择近似在同一平面上的 3 个点创建出平面。点击"应用"后按"确定"，如图 1-83 所示。

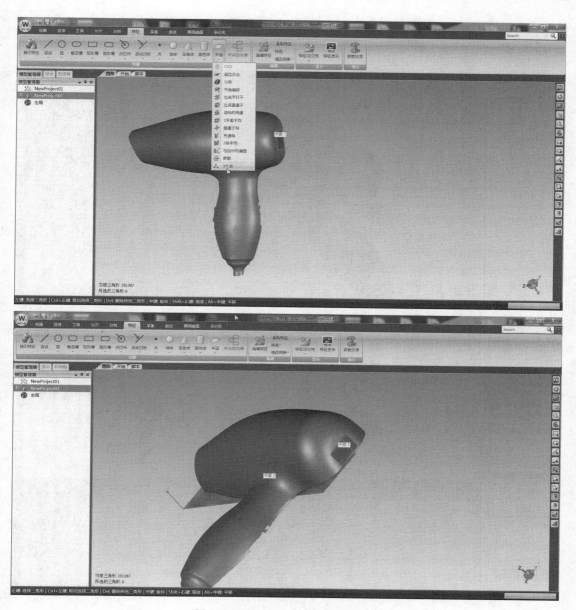

图 1-83　通过 3 个点拟合创建平面

步骤 14：对创建的平面进行配对。点击"对齐到全局"，点击"XY 平面"和"平面 1"，选择"创建对"，这样可以将 XY 平面和新建的平面 1 对齐，如图 1-84 所示。

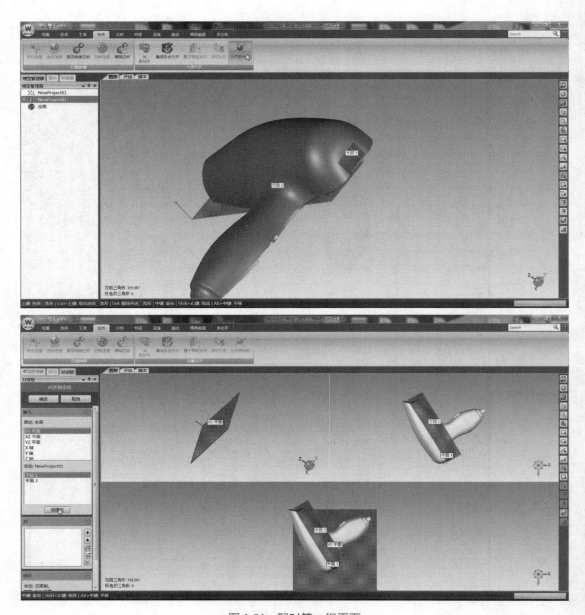

图 1-84　配对第一组平面

步骤 15：点击"XY 平面"和"平面 1"，选择"创建对"，这样可以将 XY 平面和新建的平面 1 对齐。点击"确定"完成全局注册，如图 1-85 所示。

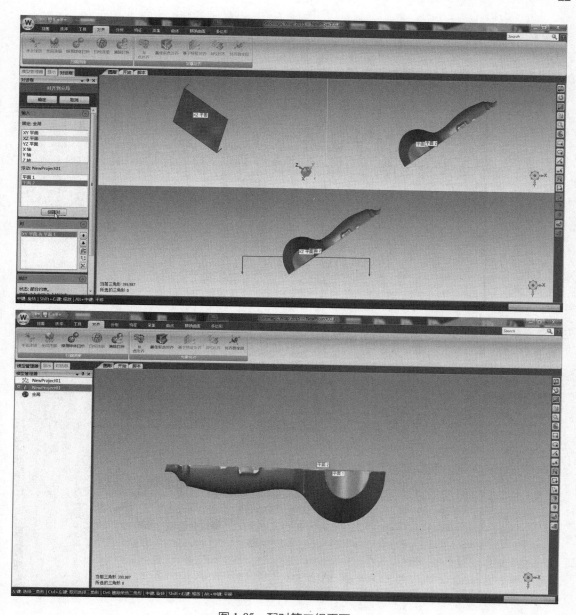

图 1-85　配对第二组平面

步骤 16：选择不同的基本视图观察全局注册的情况，确定无误后即可导出进行后续的操作，如图 1-86 所示。

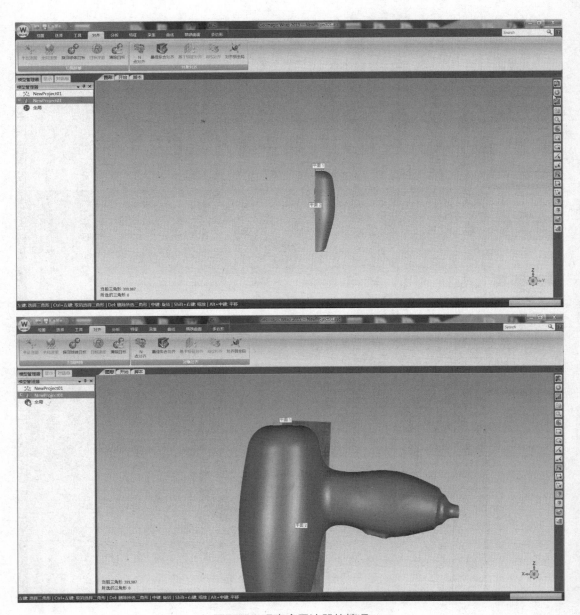

图 1-86　观察全局注册的情况

　　步骤 17:点击左上角软件图标,选择"另存为",命名文件并选择 STL 文件类型,点击"保存",如图 1-87 所示。

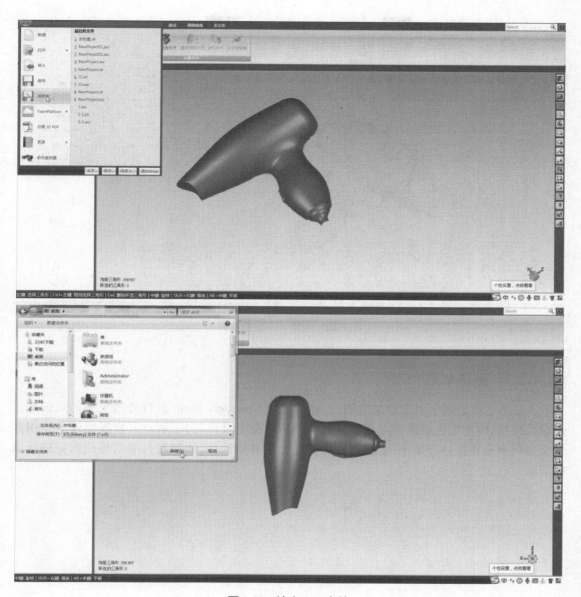

图 1-87　输出 STL 文件

步骤 18：将输出的 STL 文件拖曳到 Magics 中进行观察即可，如图 1-88 所示。

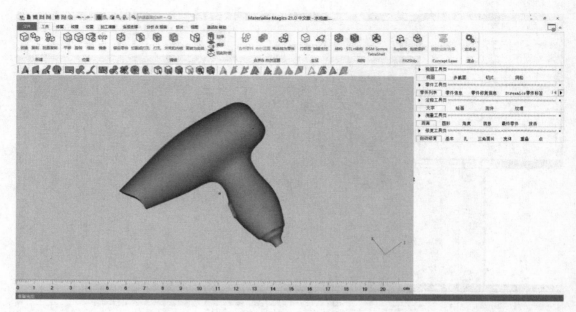

图 1-88　观察 STL 数据文件

1.3.5　任务总结

本任务主要讲述了点云数据的概况,以及使用 Geomagic Wrap 软件处理采集的点云数据流程及操作,使学生能够掌握点云数据处理使用的命令及流程,了解点云数据处理的作用并学会案例点云数据处理操作;掌握点云数据处理的具体操作,能够对扫描采集的数据进行坐标配对。

项目 2

初级案例逆向设计过程

任务 2.1 初级案例数据处理

2.1.1 任务描述及案例引入

技术工程师进行为期一周的前端设计培训。现以初级案例讲解 3D 打印前端设计的案例分析、案例数据采集以及点云数据处理的过程及具体操作。

2.1.2 任务目标

（一）能力目标

（1）掌握模型数据采集前的整体分析

（2）掌握天远 OKIO 扫描仪采集案例数据的操作

（3）能够熟练处理扫描采集的点云数据

（二）知识目标

（1）学会数据采集的步骤及方法

（2）学会点云数据处理的技巧

（3）了解点云数据处理的重要性

（三）素质目标

（1）具有严谨、求实精神

（2）具有个人实践创新能力

（3）具备 5S 职业素养

2.1.3　初级案例数据采集前处理

（一）案例分析

模型案例材质为不锈钢（图 2-1），外表面高度反光，可分析得出数据采集前需喷涂显像剂（图 2-2）。

图 2-1　不锈钢材质

图 2-2　显像剂

（二）案例处理

使用三维扫描仪对案例进行数据采集前的首要步骤是分析案例，需处理模型以便扫描以及减少拼接误差。可得出案例扫描测量前需喷涂显像剂，处理前效果如图 2-3 所示，处理后效果如图 2-4 所示。

图 2-3　处理前

图 2-4　处理后

2.1.4　点云数据处理过程以及操作

（一）数据采集操作

步骤 1：新建工程。启动设备后双击打开 3D Scan 软件，点击"新建工程"，命名文件及选择保存路径，点击"确定"，如图 2-5 所示。

初级案例
数据采集

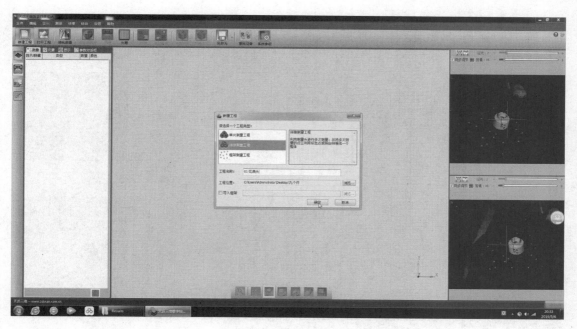

图 2-5　新建工程

步骤 2：相机中显示出物体，点击"测量"，扫描仪开始采集物体数据，如图 2-6 所示。

图 2-6　扫描测量

步骤 3：扫描采集数据后，等待软件计算后，主窗口显示扫描采集数据，如图 2-7 所示。

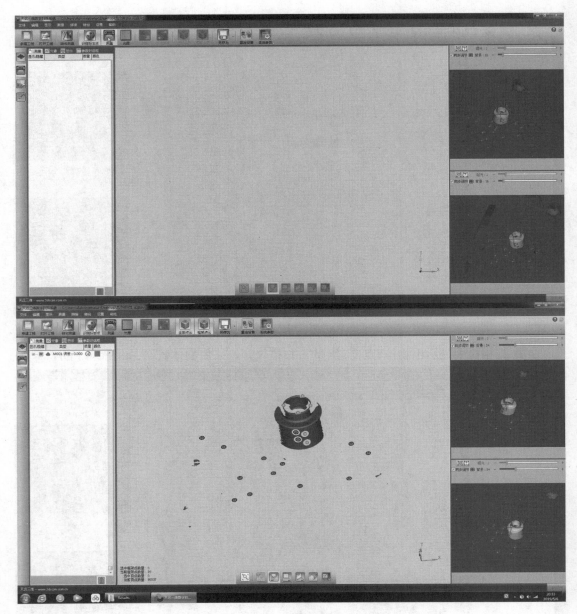

图 2-7　数据采集

　　步骤 4：扫描采集数据后对三维旋转模型进行观察，扫描仪识别到四个以上的标志点即可进行下一组数据采集并自动拼接。若存在特征扫描缺失的情况，可进行补充采集，直至数据采集完整为止，如图 2-8 所示。

图 2-8 　数据采集并拼接

（二）点云数据处理过程

步骤 1：导入文件。点击"导入"，选择 .asc 文件，点击"打开"，如图 2-9 所示。

初级案例

点云处理

图 2-9 　导入文件

步骤 2：点云着色。点击"着色"选项中的"着色点"，如图 2-10 所示。

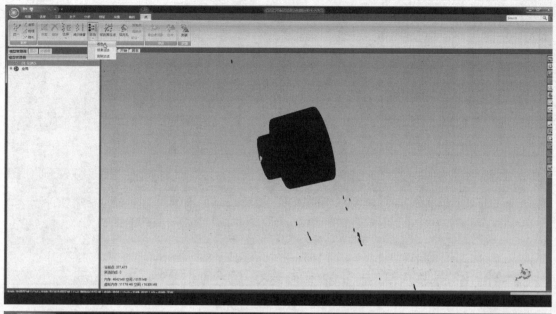

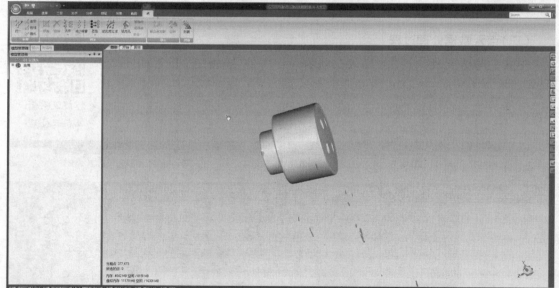

图 2-10　点云着色

步骤 3：删除非连接项。点击"选择"中的"非连接项"，分隔设置为低，尺寸设置为 5.0。选择完成后按 Delete 键删除，如图 2-11 所示。

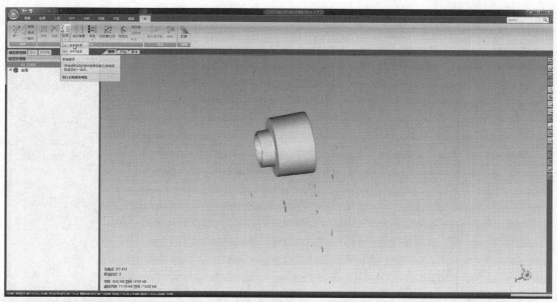

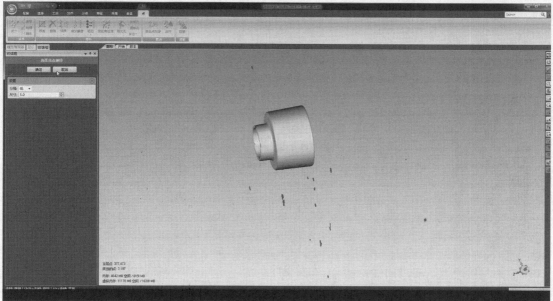

图 2-11　删除非连接项

　　步骤 4：删除体外孤点。点击"选择"中的"体外孤点"，敏感度设置为 85.0，选择完成后按 Delete 键删除，如图 2-12 所示。

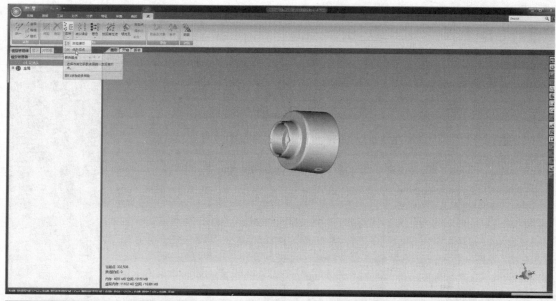

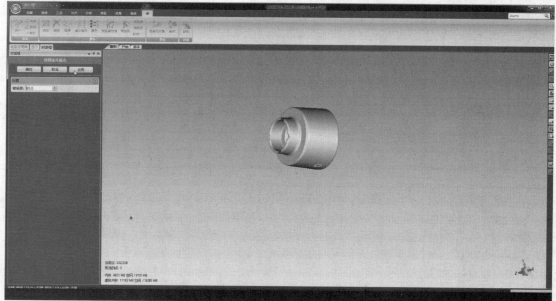

图 2-12　删除体外孤点

步骤 5：减少噪音。点击"减少噪音"，迭代设置为 5，偏差限制设置为 0.05，减少噪音可将同一曲率上偏离主体点云过大的点去除，如图 2-13 所示。

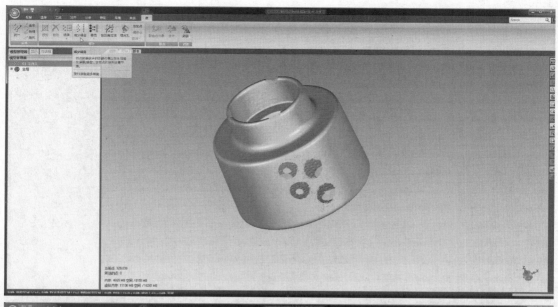

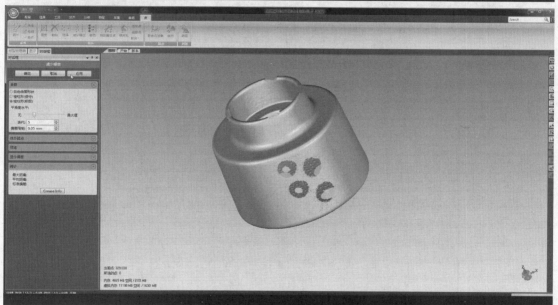

图 2-13　减少噪音

步骤 6:点云封装。点击"封装",按照默认参数设置,点云数据转换为网格面片,如图2-14
所示。

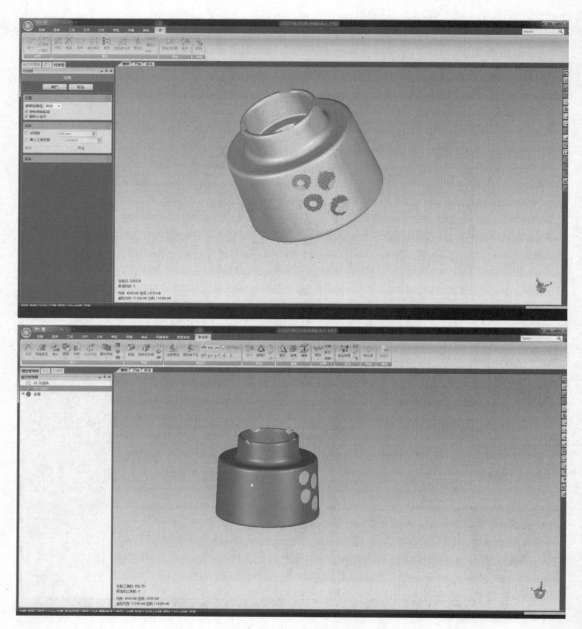

图 2-14　点云封装

步骤 7：去除特征。选中破损面片区域，点击"去除特征"，自动修补破损面片。直到数据处理完成，如图 2-15 所示。

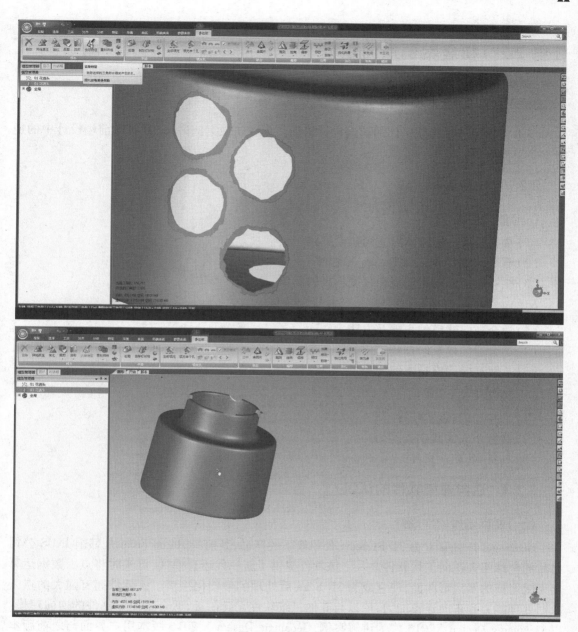

图 2-15　填补孔洞

2.1.5　任务总结

本任务主要讲述了初级案例数据采集以及点云数据处理的流程及操作。使学生能够在数据采集前先分析模型,学会数据采集的步骤及方法并了解点云数据处理的重要性;通过章节讲解和演示,掌握天远 OKIO 扫描仪数据采集的操作并能熟练处理扫描采集的点云数据。

任务 2.2　初级案例逆向建模

2.2.1　任务描述及案例引入

技术工程师进行为期一周的前端设计培训。现以初级案例讲解 3D 打印前端设计中的逆向建模重构模型。

2.2.2　任务目标

（一）能力目标

（1）掌握建模目标物体的逆向建模思路

（2）熟练使用 Geomagic Design X 软件

（3）能够熟练逆向建模复杂程度不高的物体

（二）知识目标

（1）学会逆向建模的步骤及方法

（2）学会逆向建模的技巧

（3）了解逆向建模技术的优势

（三）素质目标

（1）具有严谨、求实精神

（2）具有个人实践创新能力

（3）具备 5S 职业素养

2.2.3　逆向建模软件的认识

（一）逆向建模软件简介

Geomagic Design X 为 3D Systems 公司旗下的产品,其前身 Rapid From 是韩国 INUS 公司出品的全球四大逆向工程软件之一。该软件提供了新一代运算模式,可实时将点云数据运算出无缝连接的多边形曲面,使它成为 3D Scan 后处理的最佳化接口。该软件拥有强大的点云数据处理能力和正向建模能力,可以与其他三维软件无缝衔接,适合工业零部件的逆向建模。以 Geomagic Design X2016 作为讲解案例,Geoamgic Design X 2016 版本用户界面与之前版本(2015)对比有很大的变化,它更倾向于目前大众化建模软件的界面,该用户界面对于初学者来说更显直观,更方便使用,如图 2-16 所示。它主要由快速访问工具栏、菜单、工具面板、工具栏、工具条、特征树、模型树、模型视图窗口、Accuracy Analyzer(TM)等组成。用户界面窗口和工具栏可以修改,可以使它们常显示或在工具栏区域单击鼠标右键动态显示。

该软件的特点如下:

①专业的参数化逆向建模软件。

②基于历史树的 CAD 建模。

③基于特征的 CAD 数模与通用 CAD 软件兼容。

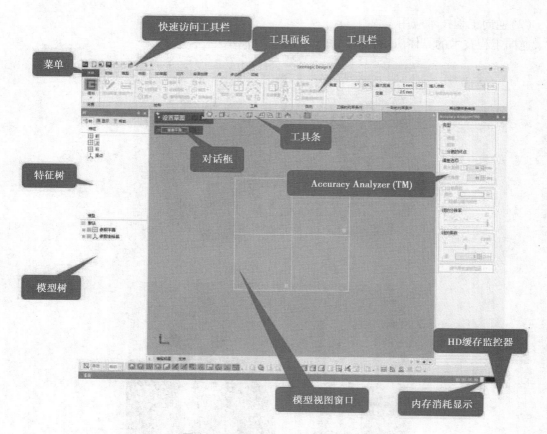

图2-16 Geomagic Design X 软件界面

（二）逆向工程技术

（1）逆向工程技术概述

逆向工程（又称逆向技术），是一种产品设计技术再现过程，即对一项目标产品进行逆向分析及研究，从而演绎并得出该产品的处理流程、组织结构、功能特性及技术规格等设计要素，以制作出功能相近，但又不完全一样的产品。逆向工程的要素组成如图2-17所示。

图2-17 逆向工程要素组成

59

（2）逆向工程技术应用

逆向工程技术的具体应用，如图 2-18 至图 2-20 所示。

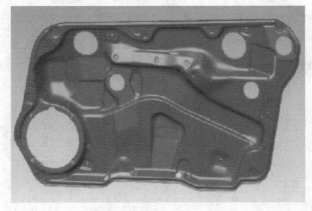

图 2-18　模型二次开发

图 2-19　文物修复

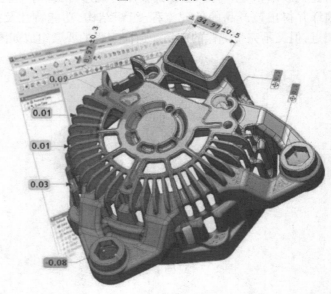

图 2-20　模型检测分析

2.2.4　初级案例逆向建模过程以及操作

以下内容讲述初级案例使用 Geomagic Design X 软件逆向建模的操作。

步骤 1：在快速访问工具栏中，单击"导入" 按钮，选择"花洒"，单击
"仅导入"按钮，导入三角面片，结果如图 2-21 至图 2-22 所示。

图 2-21　三角面片的导入

图 2-22　导入完成

步骤 2：用画笔选择模式选择平面上一部分，然后点击插入，之后用面片拟合 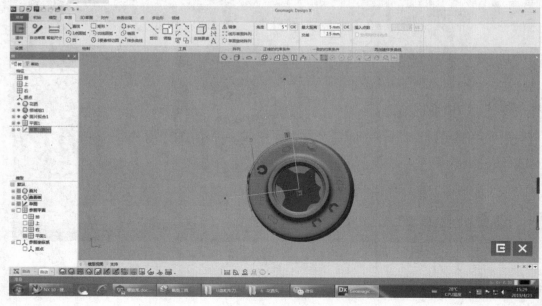命令，拟

合出一个平面，再点击平面命令点出平面 ⊞，用提取的命令提取出平面一，如图 2-23 所示。

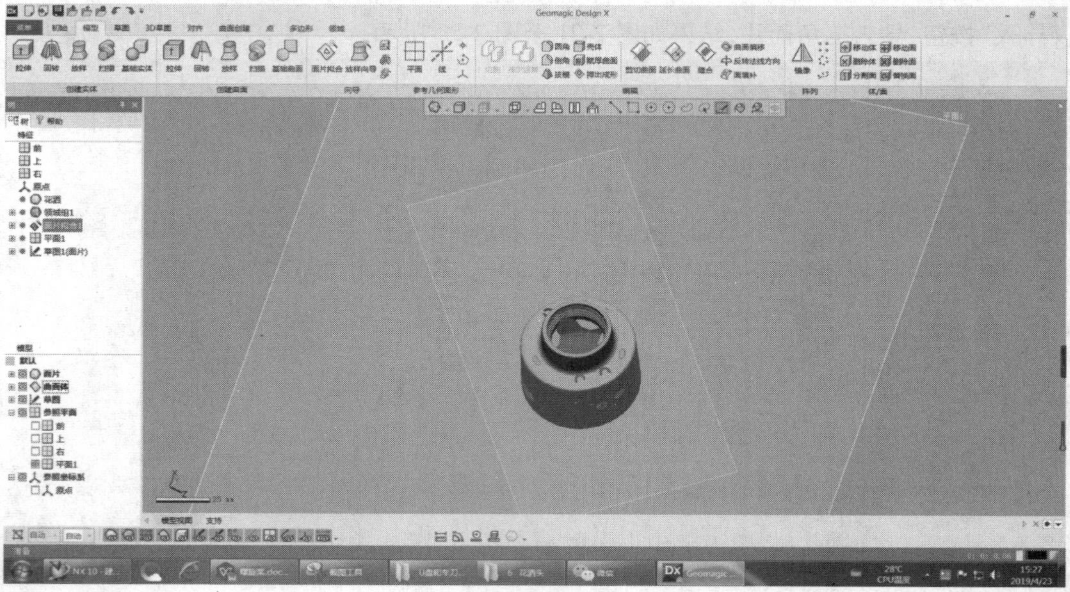

图 2-23

步骤 3：在工具面板中单击"草图"，进入"草图工具栏"，单击"面片草图" ，在"面片草图"对话框中勾选中"平面投影"复选框，"基准平面"选择"前"，设置"轮廓投影范围"为"60"，单击"确定" ✓按钮，进入"面片草图"模式，结果如图 3 所示，并用 ⊙圆绘制圆，在圆心上用直线 ╲直线绘制出两个互相垂直的直线，并拉伸，如图 2-24 所示。

图 2-24

　　步骤 4：在工具面板中单击"对齐"，进入"对齐"的工具栏中，单击"手动对齐"按钮，在"手动对齐"的对话框中，"移动实体"选择"花洒零件"，勾选中"用世界坐标系原点预先对齐"，在"手动对齐"对话框中单击"下一阶段"，在"移动"中勾选中"3-2-1"复选框，选择"平面 3"作为"平面"、选择"平面 1"作为"线"、选择"平面 2"作为"位置"，单击"确定"，对齐坐标系，结果如图 2-25、图 2-46 所示。

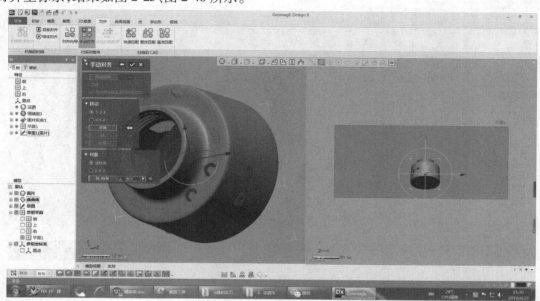

图 2-25

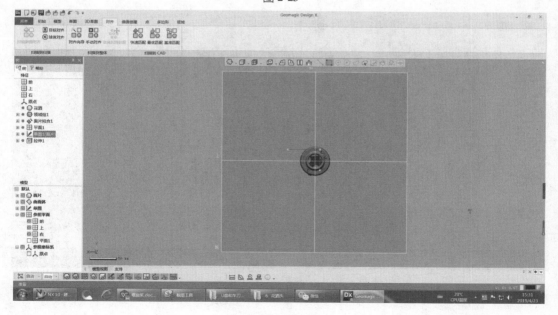

图 2-26

　　步骤 5：在工具面板中单击"草图"，进入"草图工具栏"，单击"面片草图"，在"面片草图"对话框中勾选中"平面投影"复选框,"基准平面"选择"前",设置"轮廓投影范围"为"60",单击"确定" 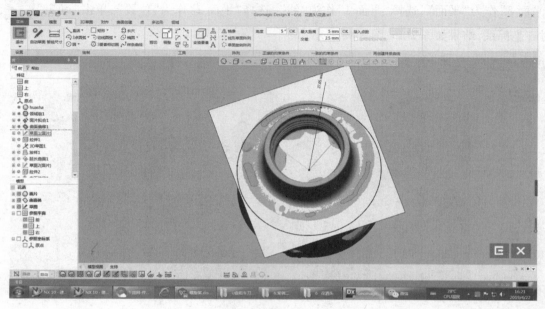 按钮,进入"面片草图"模式,结果如图 2-27 所示,用⊙圆绘制圆。单击"退出" 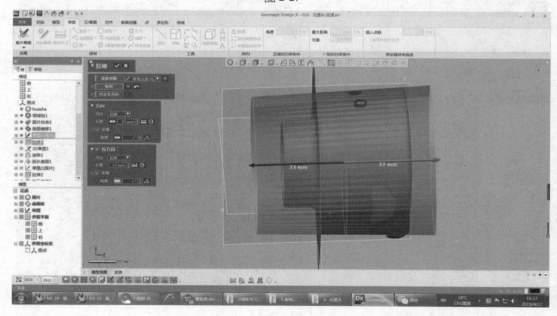 按钮,退出"面片草图"模式,之后进行拉伸,如图 2-28 所示。

图 2-27

图 2-28

步骤6:点击3D草图 命令,用样条曲线命令 绘制样条曲线,再用放样命令

放样,之后用延长曲面 命令延长曲面,如图2-29所示。

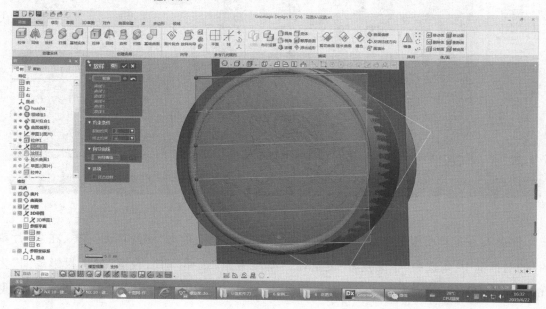

图2-29

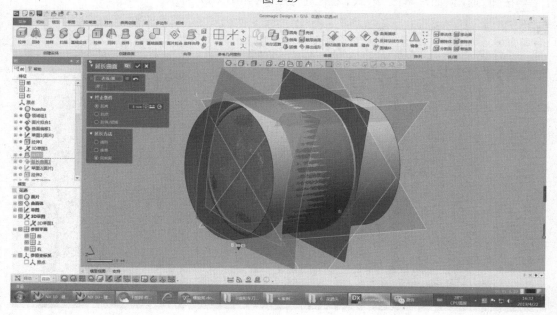

图2-30

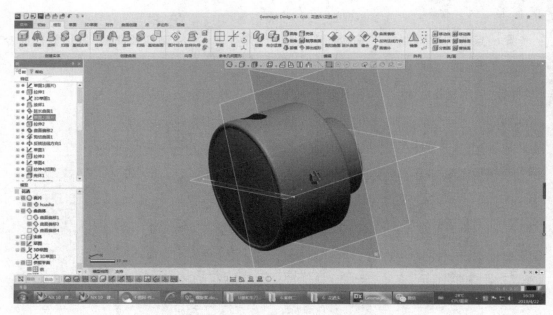

图 2-31

步骤 7：在工具面板中单击"草图"，进入"草图工具栏"，单击"面片草图" ，在"面片草图"的对话框中，勾选中"平面投影"复选框，"基准平面"选择"前"，设置"轮廓投影范围"为"60"，单击"确定" 按钮，进入"面片草图"模式，运用直线 直线命令绘制直线。单击"退出" 按钮，退出"面片草图"模式，之后进行拉伸，如图 2-32 所示。

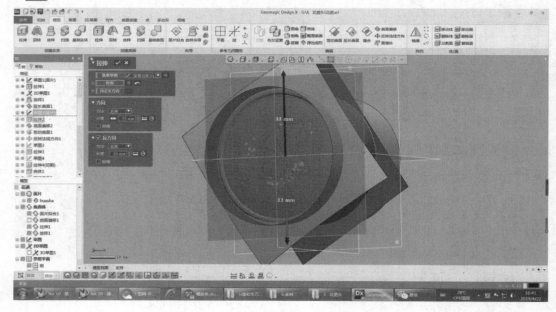

图 2-32

步骤 8：用曲面偏移 曲面偏移命令偏移曲面，并用剪切曲面 剪切，如图 2-33 所示。

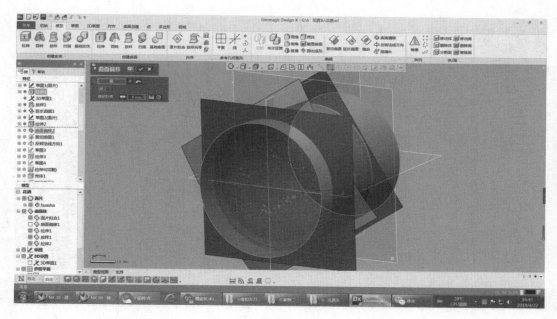

图 2-33

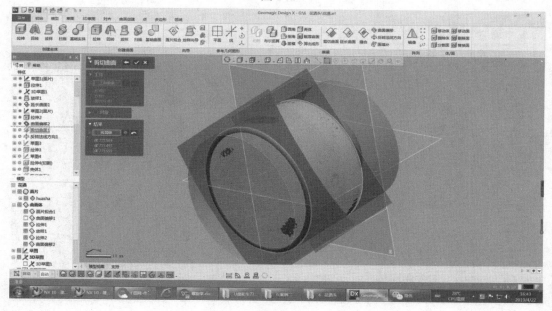

图 2-34

步骤 9：在工具面板中，单击"草图"，进入"草图工具栏"，单击"面片草图" ，在"面片草图"的对话框中，勾选中"平面投影" 复选框，"基准平面"选择"前"，设置"轮廓投影范围"为"60"，单击"确定"按钮，进入"面片草图"模式，并用 ⊙ 圆绘制圆。单击"退出" 按钮，退出"面片草图"模式，之后进行拉伸，如图 2-35 所示。

图 2-35

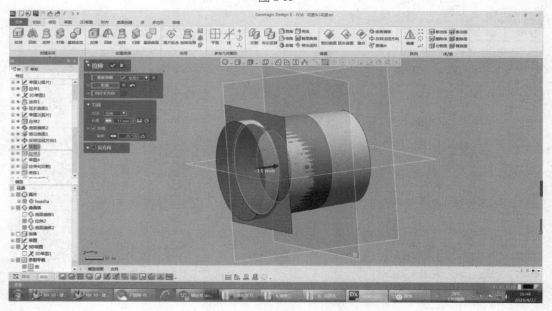

图 2-36

步骤 10：在工具面板中，单击"草图"，进入"草图工具栏"，单击"面片草图" ，在"面片草图"的对话框中，勾选中"平面投影"复选框，"基准平面"选择"前"，设置"轮廓投影范围"为"60"，单击"确定" 按钮，进入"面片草图"模式，并用 圆绘制圆。单击"退出" 按钮，退出"面片草图"模式，之后进行拉伸，布尔运算选切割。之后再用壳体 壳体命令抽壳，如图 2-37 所示。

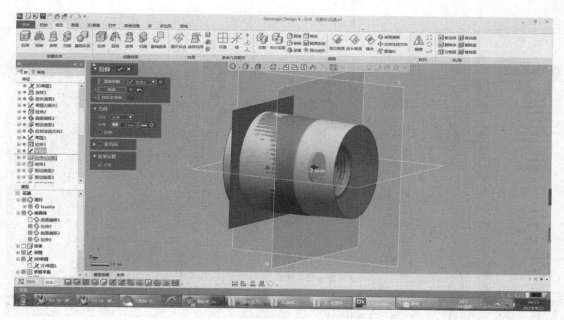

图 2-37

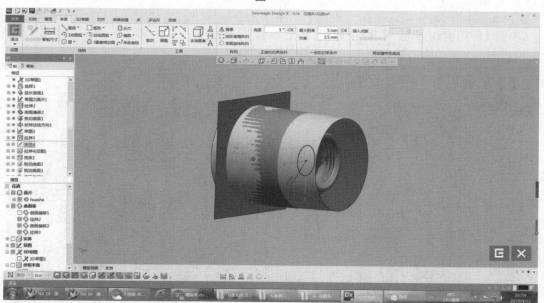

图 2-38

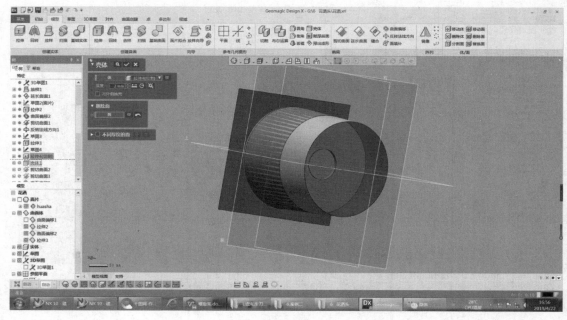

图 2-39

步骤 11：用剪切曲面 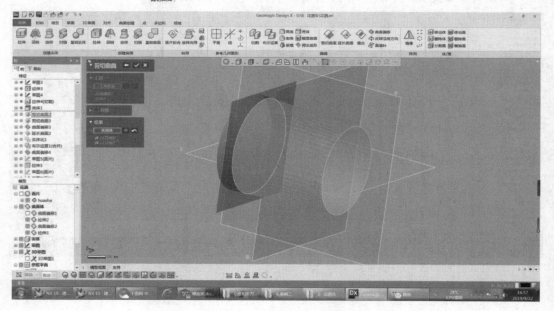 命令剪切，如图 2-40 所示。

图 2-40

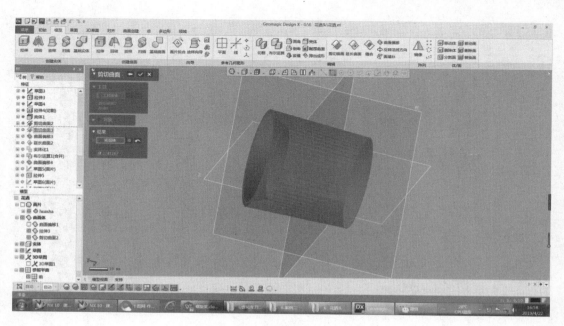

图 2-41

步骤 12:用曲面偏移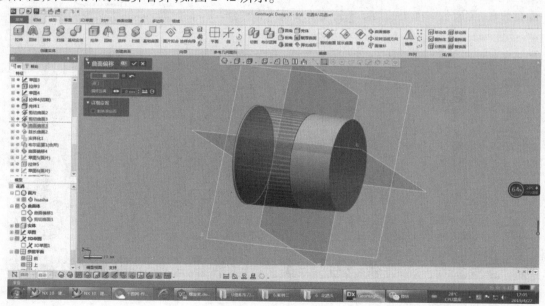曲面偏移命令偏移曲线,之后用延长曲面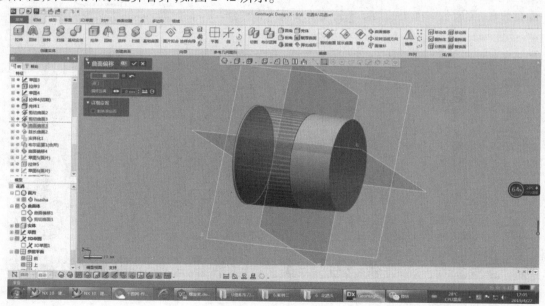命令延长曲面,之后进行实体化,并且用布尔运算合并,如图 2-42 所示。

图 2-42

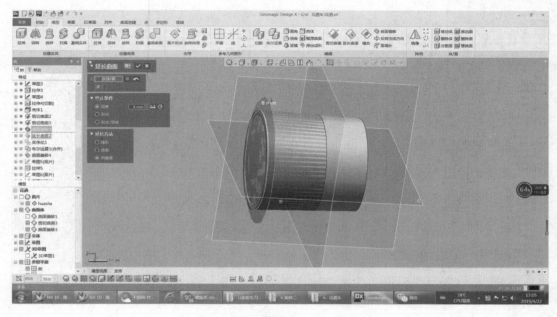

图 2-43

步骤 13：用曲面偏移 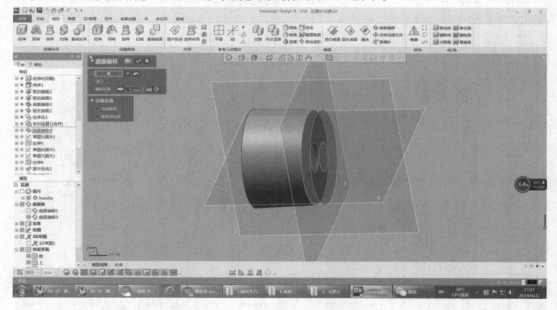 曲面偏移命令偏移曲线，如图 2-44 所示。

图 2-44

步骤 14：在工具面板中，单击"草图"，进入"草图工具栏"，单击"面片草图" ，在"面片草图"的对话框中，勾选中"平面投影"复选框，"基准平面"选择"前"，设置"轮廓投影范围"为"60"，单击"确定" 按钮，进入"面片草图"模式，并用 圆绘制圆。单击"退出" 按钮，退出"面片草图"模式，之后进行拉伸，如图 2-45 所示。

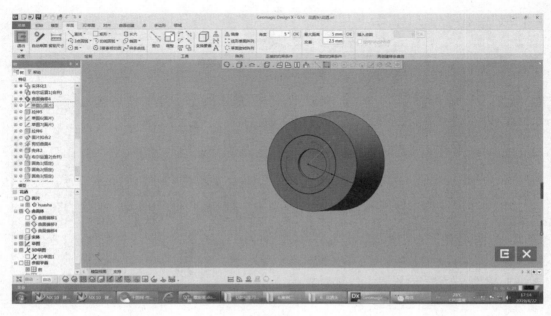

图 2-45

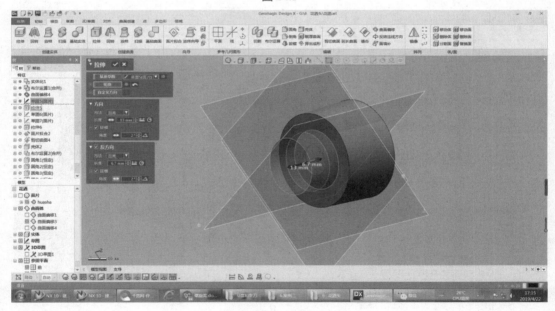

图 2-46

步骤 15：在工具面板中，单击"草图"，进入"草图工具栏"，单击"面片草图" ，在"面片草图"的对话框中，勾选中"平面投影"复选框，"基准平面"选择"前"，设置"轮廓投影范围"为"60"，单击 "确定" 按钮，进入"面片草图"模式，并用直线绘制直线。单击"退出"按钮，退出"面片草图"模式，之后进行拉伸，如图 2-47 所示。

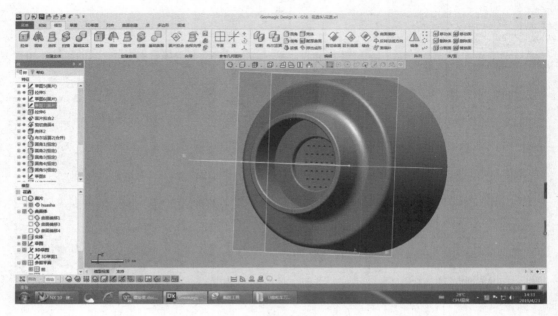

图 2-47

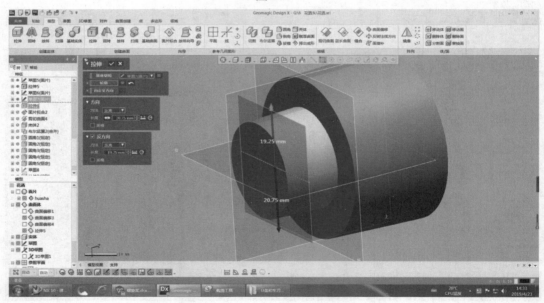

图 2-48

步骤 16：用画笔选择工具去分割出一个领域，之后用面片拟合 工具拟合出一个平面，如图 2-49 所示。

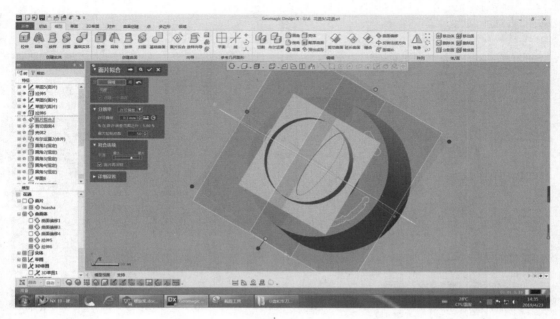

图 2-49

步骤 17：用剪切曲面 命令剪切曲面，之后用壳体 命令抽壳，之后再用布尔运算合并，如图 2-50 所示。

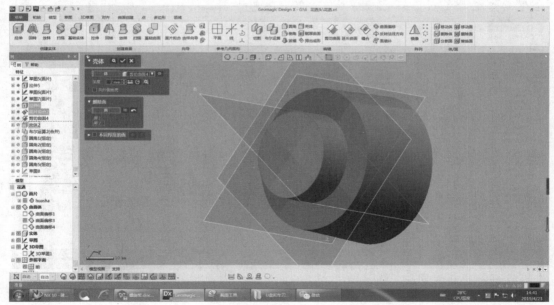

图 2-50

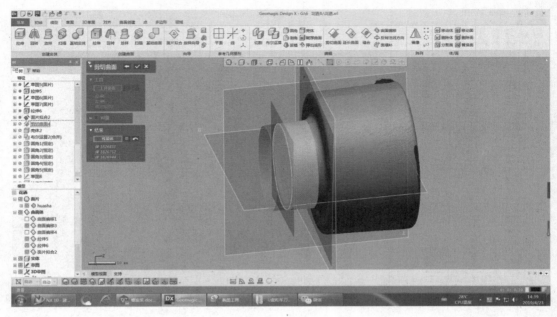

图 2-51

步骤 18:用圆角 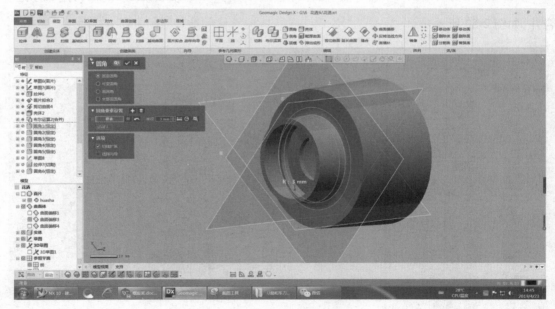 命令进行倒圆,如图 2-52 所示。

图 2-52

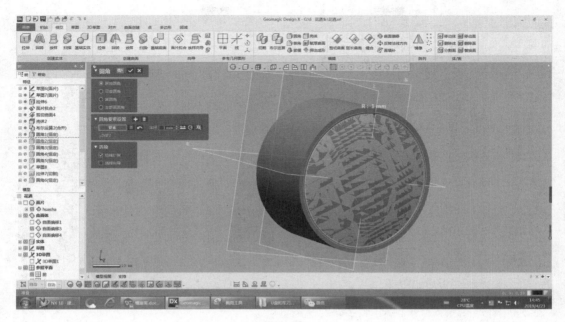

图 2-53

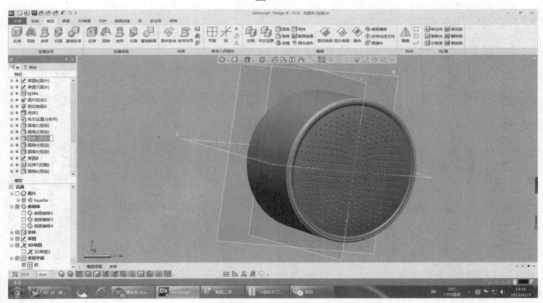

图 2-54

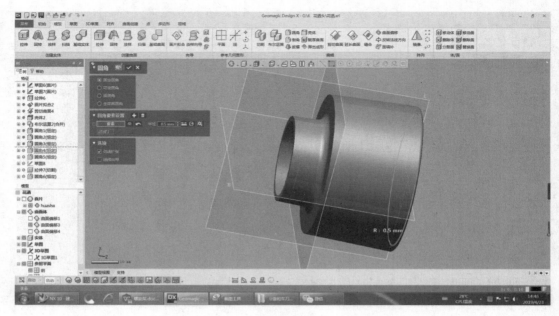

图 2-55

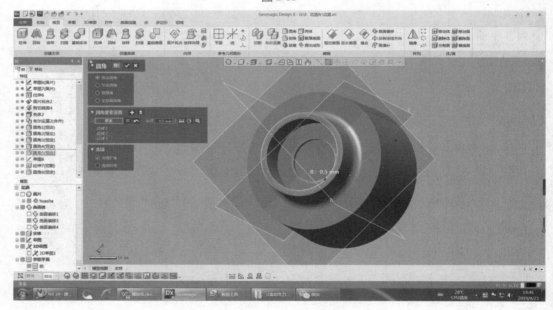

图 2-56

步骤 19：在工具面板中，单击"草图"，进入"草图工具栏"，单击"面片草图" ，在"面片草图"的对话框中，勾选中"平面投影"复选框，"基准平面"选择"前"，设置"轮廓投影范围"为"60"，单击"确定" 按钮，进入"面片草图"模式，并用构造点命令绘制点、阵列命令整列。单击"退出" 按钮，退出"面片草图"模式，之后进行拉伸选切割，再用圆角命令进行倒圆，如图 2-57 所示。

图 2-57

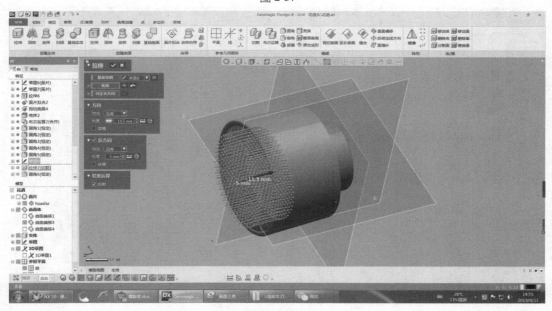

图 2-58

步骤 20：在快速访问工具栏中单击"输出" ![按钮图标]按钮，"要素"选择要输出的工件，单击"确定" ![确定图标]，在弹出的对话框中选择输出的"路径"及输出的"文件格式"，如图 2-60 所示。

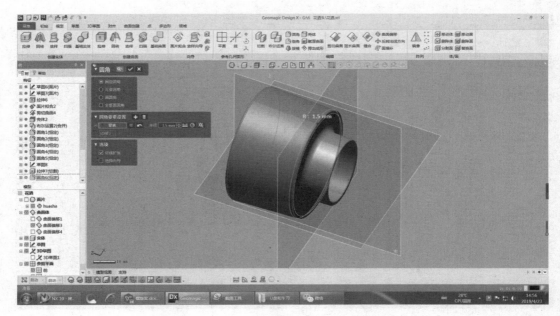

图 2-59

图 2-60

2.2.5　任务总结

本任务主要使用 Geomagic Design X 软件逆向建模初级案例。使学者们能够掌握建模目标物体的逆向建模思路,学会逆向建模的步骤和方法以及了解逆向建模技术的优势;能够熟练使用 Geomagic Design X 软件以及逆向建模复杂程度不高的物体。

项目 **3**

中级案例逆向设计过程

任务 3.1　中级案例数据处理

3.1.1　任务描述及案例引入

技术工程师进行为期一周的前端设计培训,现以中级案例讲解 3D 打印前端设计的案例分析、案例数据采集以及点云数据处理的过程及具体操作。

3.1.2　任务目标

(一)能力目标

(1)掌握模型数据采集前的整体分析

(2)掌握天远 OKIO 扫描仪采集案例数据的操作

(3)能够熟练处理扫描采集的点云数据

(二)知识目标

(1)学会数据采集的步骤及方法

(2)学会点云数据处理的技巧

(3)了解到点云数据处理的重要性

(三)素质目标

(1)具有严谨、求实精神

(2)具有个人实践创新能力

(3)具备 5S 职业素养

3.1.3　中级案例数据采集前处理

（一）案例分析

模型案例材质为铝材质,如图 3-1 所示。外表面高度反光,可分析得出数据采集前需喷涂显像剂,如图 3-2 所示。

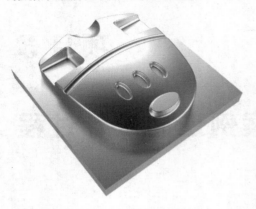

图 3-1　铝材质　　　　　　　　　　　　　　图 3-2　显像剂

（二）案例处理

使用三维扫描仪对案例进行数据采集前的首要步骤是分析案例,需处理模型以便扫描以及减少拼接误差。可得出该案例扫描测量前需喷涂显像剂。模型处理前后可见图 3-3、图 3-4所示。

图 3-3　处理前　　　　　　　　　　　　　　图 3-4　处理后

3.1.4　点云数据处理过程以及操作

（一）数据采集操作

步骤 1:新建工程。启动设备后双击打开 3D Scan 软件,点击【新建工程】,命名文件及选择保存路径,点击【确定】,如图 3-5 所示。

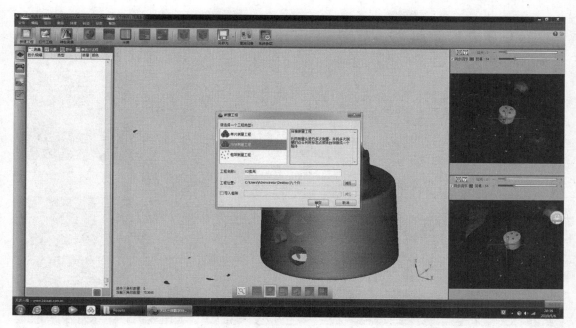

图 3-5 新建工程

步骤2：相机中显示出物体，点击【测量】，扫描仪开始采集物体数据，如图 3-6 所示。

图 3-6 扫描测量

步骤3：扫描采集数据后，等待软件计算后，主窗口显示扫描采集数据，如图 3-7 所示。

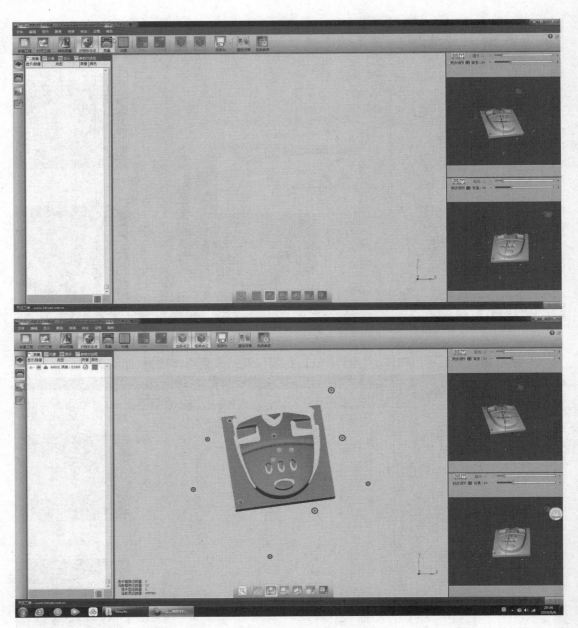

图 3-7　数据采集

步骤 4:扫描采集数据后对三维旋转模型进行观察,扫描仪识别到四个以上的标志点即可进行下一组数据采集并自动拼接。若存在特征扫描缺失的情况,可进行补充采集,直至数据采集完整为止,如图 3-8 所示。

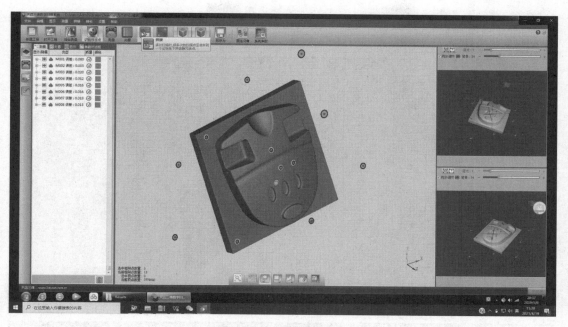

图 3-8　数据采集并拼接

（二）点云数据处理过程

步骤 1：导入文件。点击【导入】，选择 .asc 文件，点击【打开】，如图 3-9 所示。

图 3-9　导入文件

步骤 2：点云着色。点击【着色】选项中的【着色点】，如图 3-10 所示。

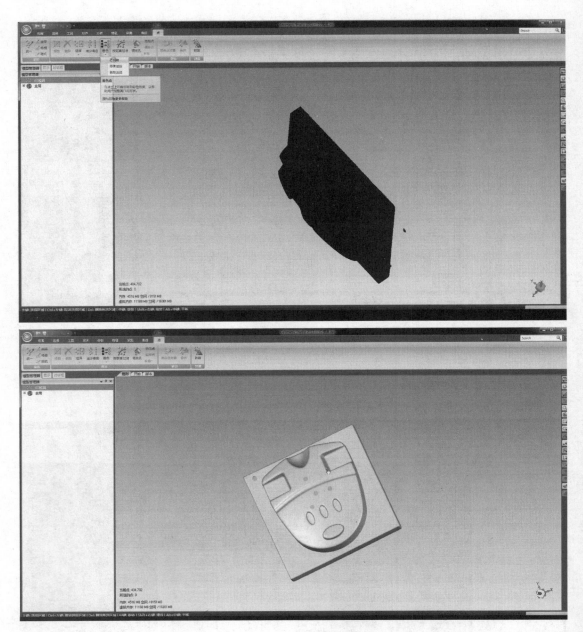

图 3-10　点云着色

步骤 3:删除非连接项。点击【选择】中的【非连接项】,分隔设置为低,尺寸设置为 5.0,选择完成后按 Delete 键删除,如图 3-11 所示。

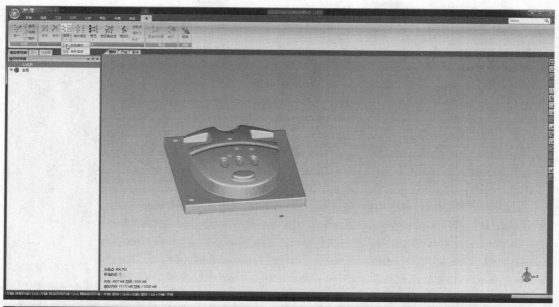

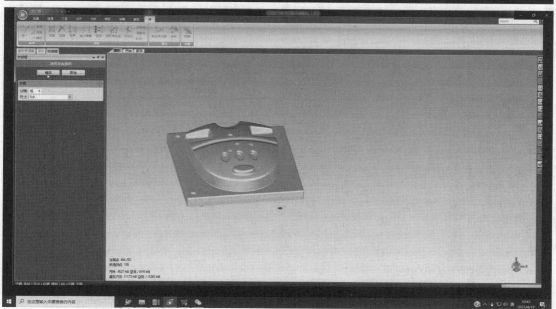

图 3-11　删除非连接项

　　步骤 4：删除体外孤点。点击【选择】中的【体外孤点】，敏感度设置为 85.0，选择完成后按 Delete 删除，如图 3-12 所示。

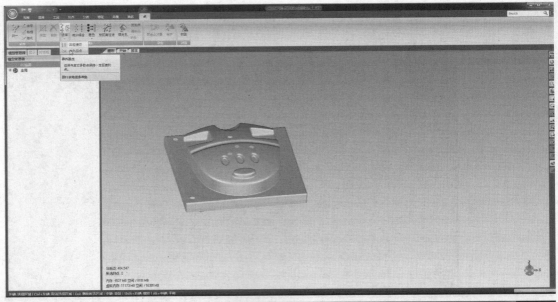

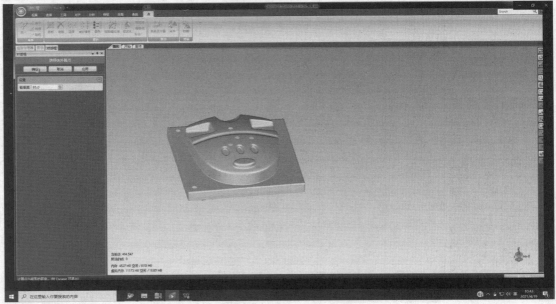

图 3-12　删除体外孤点

步骤 5：减少噪音。点击【减少噪音】，迭代设置为 5，偏差限制设置为 0.05，减少噪音可将同一曲率上偏离主体点云过大的点去除，如图 3-13 所示。

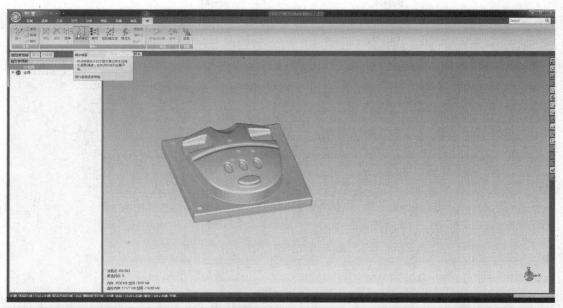

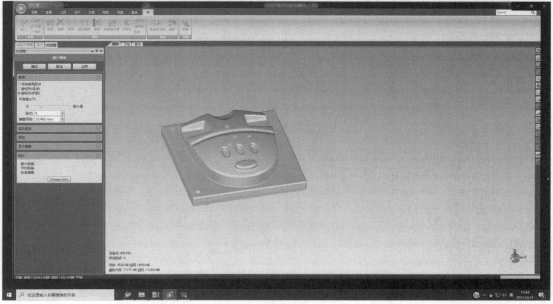

图 3-13　减少噪音

　　步骤6：点云封装。点击【封装】，按照默认参数设置，点云数据转换为网格面片，如图3-14所示。

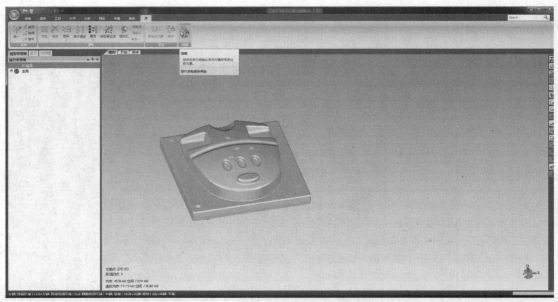

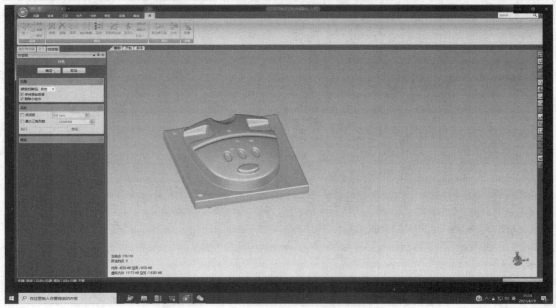

图 3-14　点云封装

　　步骤 7:填充孔洞。可使用鼠标左键框选破损的面片区域,按 Delete 删除,使用【全部填充】命令将孔洞自动填充,直到数据处理完成,如图 3-15 所示。

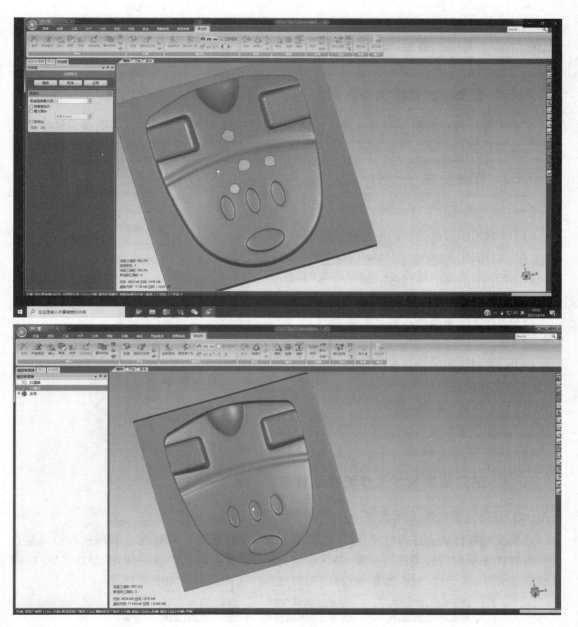

图 3-15 填充孔洞

3.1.5 任务总结

本任务主要讲述中级案例的数据采集以及点云数据处理。使学者们能够在数据采集前先分析模型,学会数据采集的步骤及方法并了解到点云数据处理的重要性;通过章节讲解和演示,掌握天远 OKIO 扫描仪数据采集的操作并能熟练处理扫描采集的点云数据。

任务 3.2　中级案例逆向建模

3.2.1　任务描述及案例引入

技术工程师进行为期一周的前端设计培训,现以中级案例讲解 3D 打印前端设计中的逆向建模重构模型。

3.2.2　任务目标

(一)能力目标

(1)掌握建模目标物体的逆向建模思路

(2)熟悉使用 Geomagic Design X 软件

(3)能够熟练逆向建模复杂程度不高的物体

(二)知识目标(表 3-1)

(1)学会逆向建模的步骤及方法

(2)学会逆向建模的技巧

(3)了解到逆向建模技术的优势

(三)素质目标

(1)具有严谨、求实精神

(2)具有个人实践创新能力

(3)具备 5S 职业素养

3.2.3　逆向建模技术工作流程及特点

(一)逆向建模技术工作流程

产品实物样件表面进行数字化处理(数据采集、数据处理),并利用可实现逆向三维造型设计的软件来重新构造实物的三维 CAD 模型(曲面模型重构),并进一步用 CAD/CAE/CAM 系统实现分析、再设计、数控编程、数控加工的过程。工作流程图如图 3-16 所示。

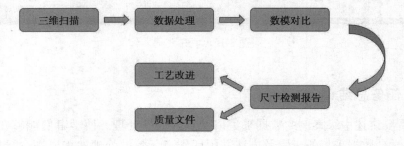

图 3-16　工作流程

（二）技术特点

表 3-1 技术特点

技术	优点	缺点
逆向设计	①能够直观看到产品效果 ②产品设计周期短 ③设计的产品还原度高	①投入相对较大 ②后期不易作修改
正向设计	①设计方案修改方便 ②产品开发成本低	①产品开发周期长 ②风险具有不可预期性

3.2.4 中级案例逆向建模过程以及操作

中级案例
逆向建模

以下内容讲述中级案例使用 Geomagic Design X 软件逆向建模的操作。

步骤 1：在快速访问工具栏中，单击"导入"　　按钮，弹出如图 3-17 所示的对话框，选择"简易模具"，单击"仅导入"按钮，导入三角面片，结果如图 3-18所示。

图 3-17

步骤 2：在工具面板中，单击"领域"，进入"领域工具栏"，单击"画笔选择模式"　　对模具的单个面进行涂画，涂画完成后单击插入　　完成领域，如图 3-19 所示，先将模具所有需要领域的面进行领域，结果如图 3-20 所示。

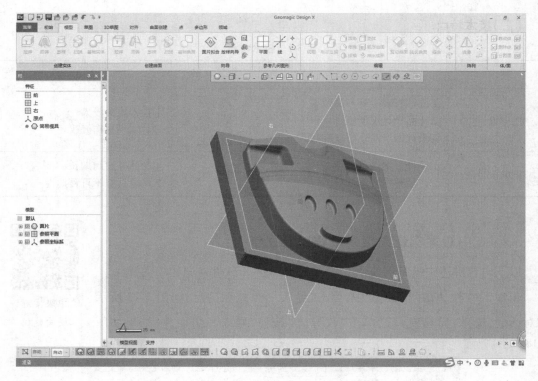

图 3-18

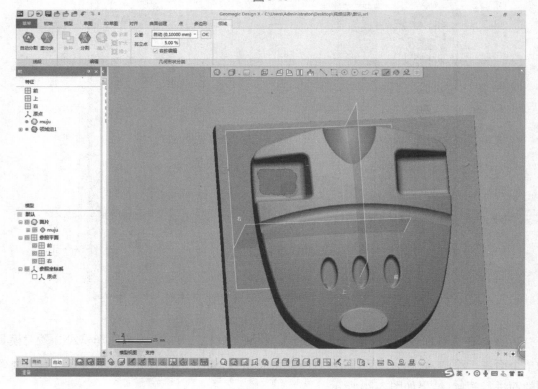

图 3-19

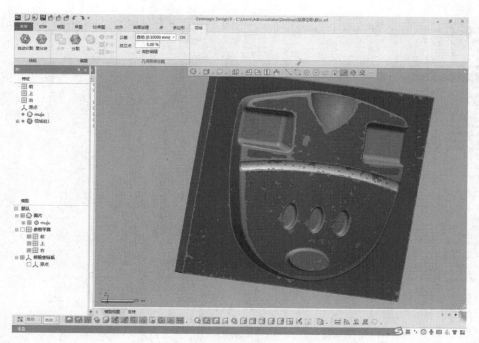

图 3-20

步骤 3：在工具面板中，单击"模型"，进入"模型工具栏"，单击"面片拟合"  ，结果如图 3-21 所示，在工具面板中，单击"草图"，进入"草图工具栏"，单击"面片草图" ，在"面片草图"的对话框中，勾选"平面投影"复选框，"基准平面"选择"前"，设置"轮廓投影范围"为"70"，如图 3-22 所示，单击"确定" 按钮，进入"面片草图"模式，结果如图 3-23 所示。

图 3-21

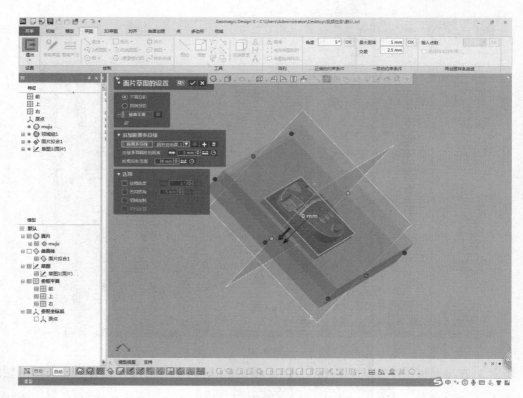

图 3-22

图 3-23

步骤 4：单击"直线" ＼ 按钮，勾选"拟合多段线"复选框，根据"断面多段线"对"工件主体

轮廓"区域进行拟合,单击"确定"✅按钮,结果如图 3-24 所示,单击"退出"↪按钮,退出
"面片草图"模式。

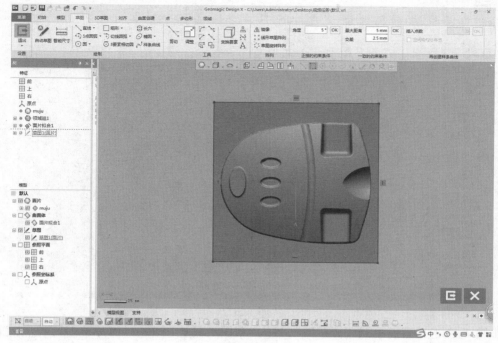

图 3-24

步骤 5:在工具面板中,单击"模型",进入"模型"工具栏,单击"拉伸"⬆按钮,选择"草图
1"作为轮廓,"方法"选择"距离",设置"长度"为"17",如图 3-25 所示,单击"确定"✅按钮。

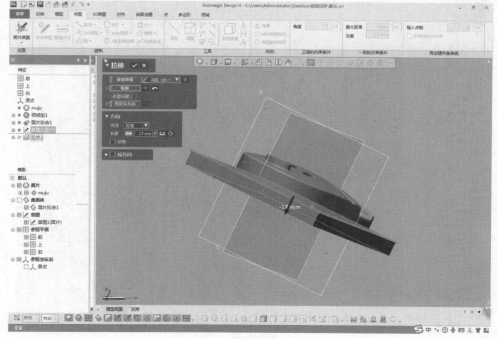

图 3-25

步骤 6：在工具面板中，单击"模型"，进入"模型工具栏"，单击"面片拟合" ，结果如图 3-26 所示。

图 3-26

步骤 7：在工具面板中，单击"草图"，进入"草图工具栏"，单击"面片草图" ，在"面片草图"的对话框中，勾选"平面投影"复选框，"基准平面"选择"前"，设置"轮廓投影范围"为"1"，如图 3-27 所示，单击"确定" 按钮，进入"面片草图"模式，结果如图 3-28、图 3-29 所示。

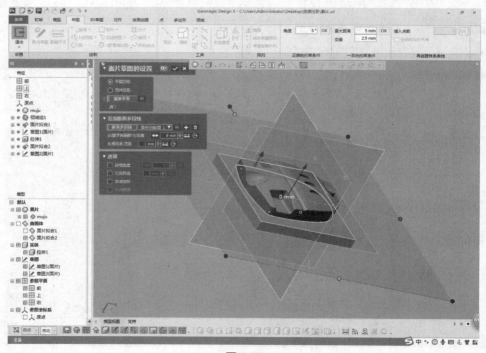

图 3-27

利用"直线"、"3点圆弧"、"圆角"命令，根据"断面多段线"对"工件主体轮廓"区域进行拟合及约束，结果如图 3-30 所示，单击"退出"按钮，退出"面片草图"模式。

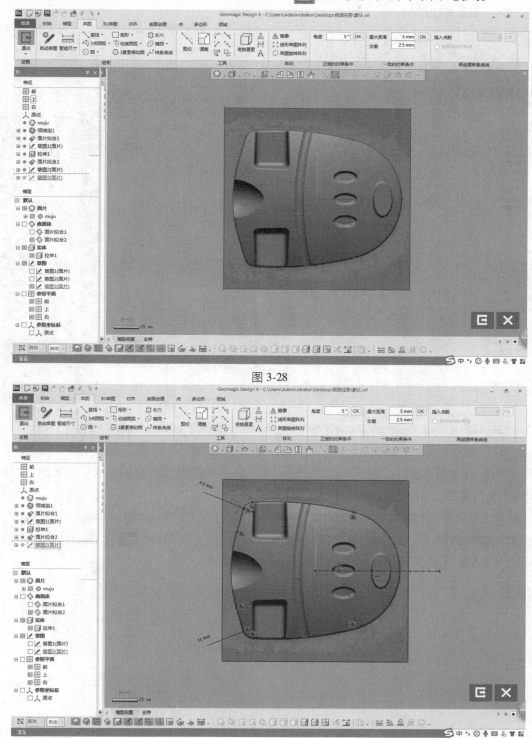

图 3-28

图 3-29

步骤8：在工具面板中，单击"模型"，进入"模型"工具栏，单击"拉伸"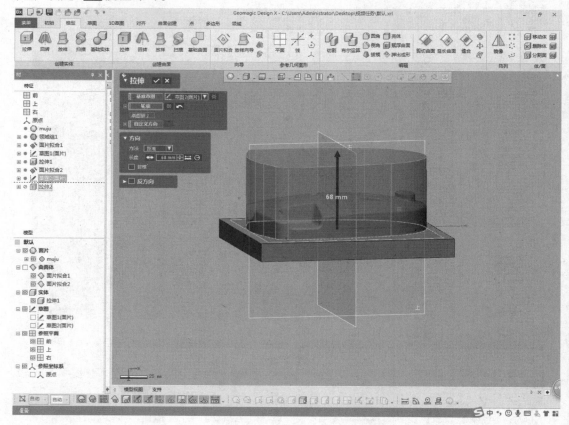按钮，"轮廓"选择"草图2"中的"草图链1"，"方法"设置为"距离"，"长度"设置为"68"，结果如图3-30所示，单击"确定"按钮即可。

图 3-30

步骤9：在工具面板中，单击"模型"，进入"模型"工具栏，单击"曲面偏移"选择"拉伸"里的面1，如图3-31所示，单击"确定"按钮即可。

步骤10：在工具面板中，单击"模型"，进入"模型"工具栏，单击"剪切曲面"按钮，"工具要素"选择"拉伸2""面片拟合2""曲面偏移1"，单击"下一阶段"："残留体"选择如图3-32所示，结果如图3-33所示。

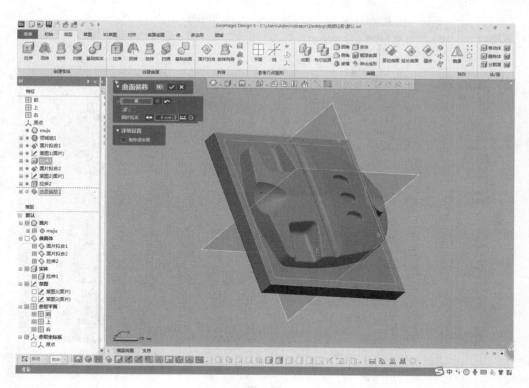

图 3-31

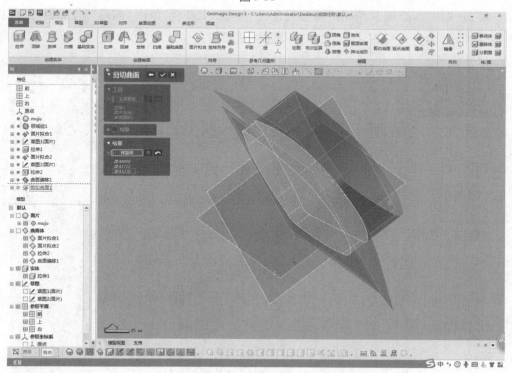

图 3-32

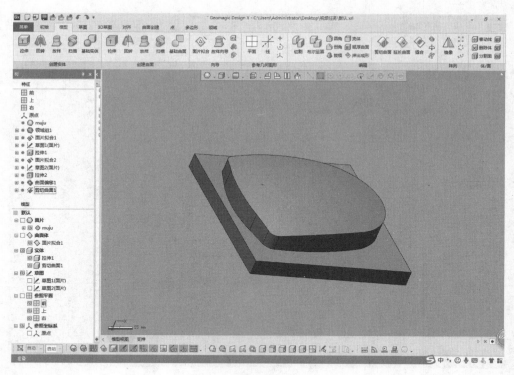

图 3-33

步骤 11：在工具面板中，单击"模型"，进入"模型"工具栏，单击"圆角"⬜按钮，选择边线如图 3-34 所示，半径为"2.5"，单击"确定"✅按钮即可。

图 3-34

步骤 12：在工具面板中，单击"模型"，进入"模型"工具栏，单击"放样向导" 按钮，选择如图 3-35 所示，单击"确定" 按钮，结果如图 3-36 所示。

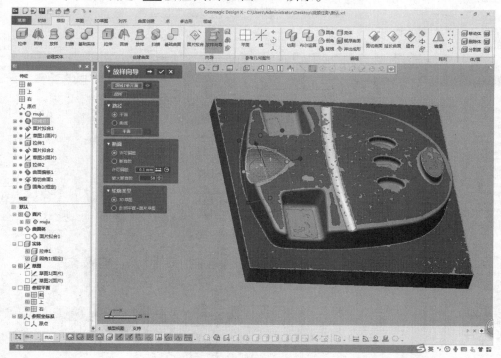

图 3-35

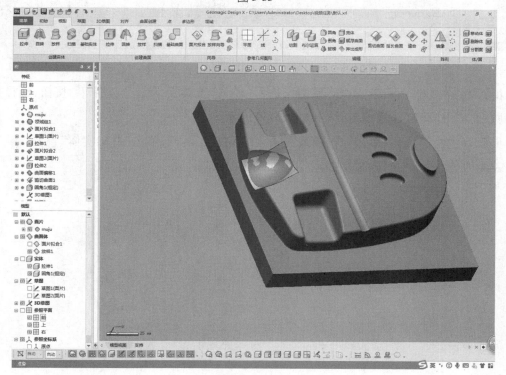

图 3-36

步骤 13:在工具面板中,单击"模型",进入"模型"工具栏,单击"延长曲面" 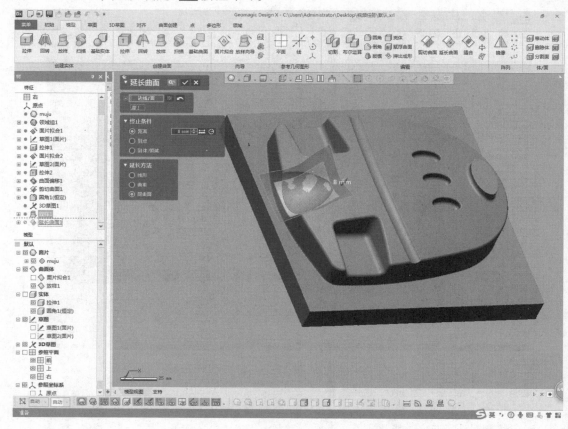 按钮,选择如图 3-37 所示,单击"确定" 按钮即可。

图 3-37

步骤 14:在工具面板中,单击"模型",进入"模型"工具栏,单击"切割" 按钮,选择如图 3-38 所示,单击"确定" 按钮,结果如图 3-39 所示。

步骤 15:在工具面板中,单击"模型",进入"模型"工具栏,单击"基础实体" 按钮,选择如图 3-40 所示,单击"确定" 按钮,结果如图 3-41 所示。

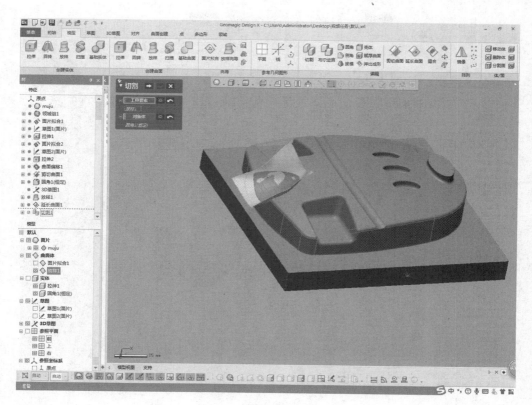

图 3-38

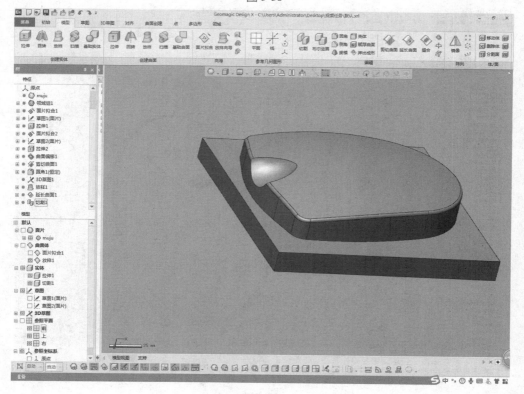

图 3-39

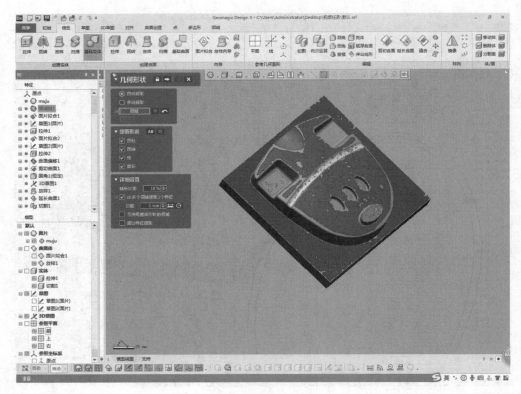

图 3-40

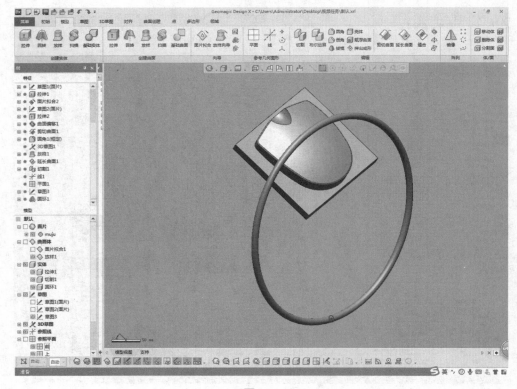

图 3-41

步骤 16：在工具面板中，单击"模型"，进入"模型"工具栏，单击"布尔运算" 按钮，选择"切割"如图 3-42 所示，单击"确定" 按钮即可。

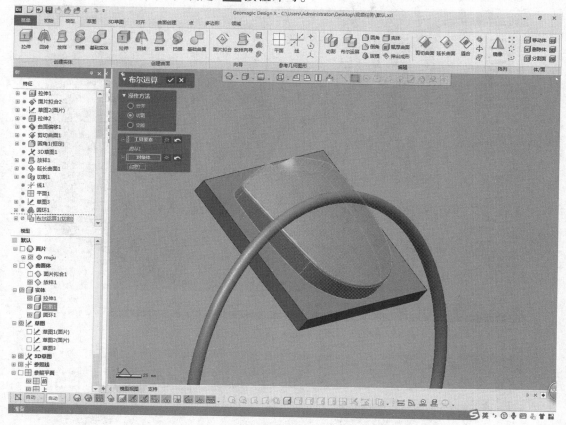

图 3-42

步骤 17：在工具面板中，单击"模型"，进入"模型"工具栏，单击"面片拟合" 按钮，选择如图 3-43 所示，单击"确定" 按钮即可。

步骤 18：在工具面板中，单击"模型"，进入"模型"工具栏，单击"面片拟合" 按钮，选择如图 3-44 所示，单击"确定" 按钮即可。

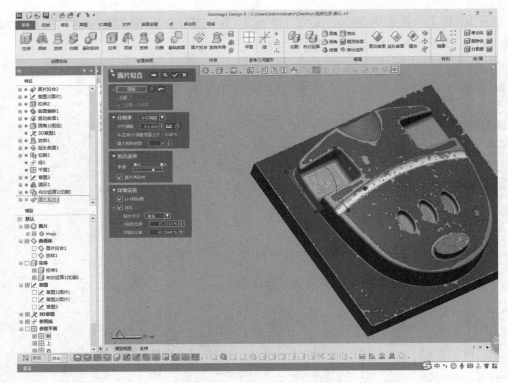

图 3-43

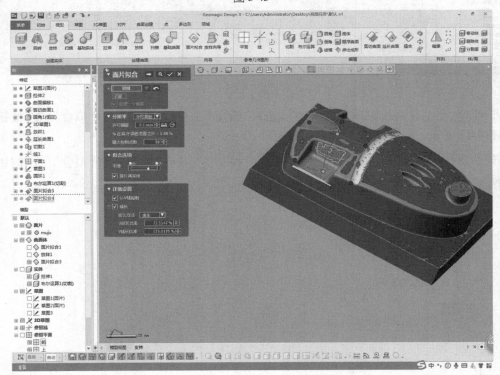

图 3-44

步骤 19：在工具面板中，单击"模型"，进入"模型"工具栏，单击"面片拟合"  按钮，选择如图 3-45 所示，单击"确定" 按钮即可。

图 3-45

步骤 20：在工具面板中，单击"模型"，进入"模型"工具栏，单击"面片拟合" 按钮，选择如图 3-46 所示，单击"确定" 按钮即可。

步骤 21：在工具面板中，单击"模型"，进入"模型"工具栏，单击"剪切曲面" 按钮，"工具要素"选择前 4 步的 4 个"面片拟合"，单击"下一阶段" ，"残留体"选择如图 3-47 所示，结果如图 3-48 所示。

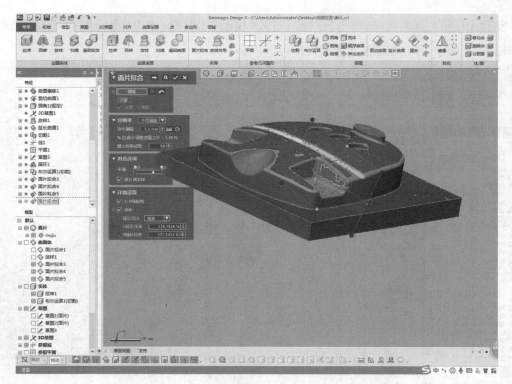

图 3-46

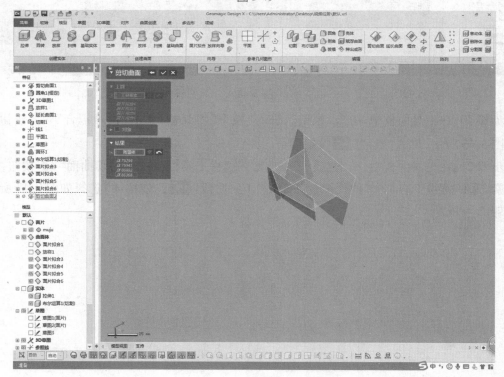

图 3-47

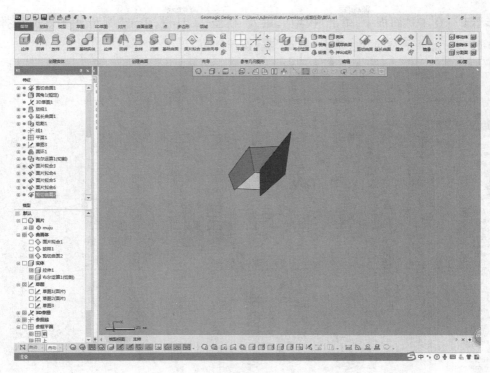

图 3-48

步骤 22：在工具面板中，单击"模型"，进入"模型"工具栏，单击"圆角" 按钮，选择边线如图 3-49 所示，半径为"4.5"，单击"确定" 按钮即可。

图 3-49

步骤 23：在工具面板中，单击"模型"，进入"模型"工具栏，单击"圆角" 🗋 按钮，选择边线如图 3-50 所示，半径为"4.5"，单击"确定" ✔ 按钮即可。

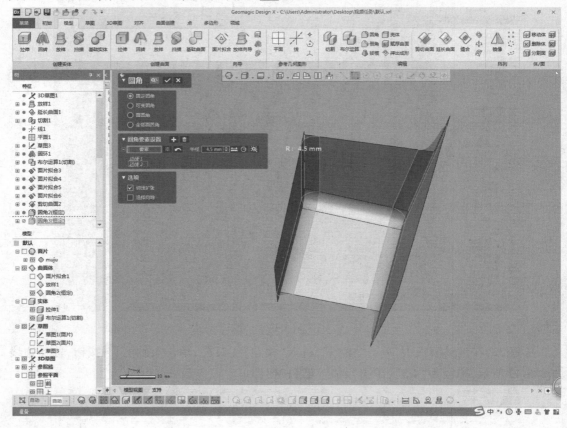

图 3-50

步骤 24：在工具面板中，单击"模型"，进入"模型"工具栏，单击"镜像" ⚠ 按钮，"对称平面"选"上"，选择图形如图 3-51 所示，单击"确定" ✔ 按钮即可。

步骤 25：在工具面板中，单击"模型"，进入"模型"工具栏，单击"切割" 🔧 按钮，"选择体"如图 3-52 所示，单击"下一阶段" ➡ 按钮，"残留体"选择如图 3-53 所示，结果如图 3-54 所示。

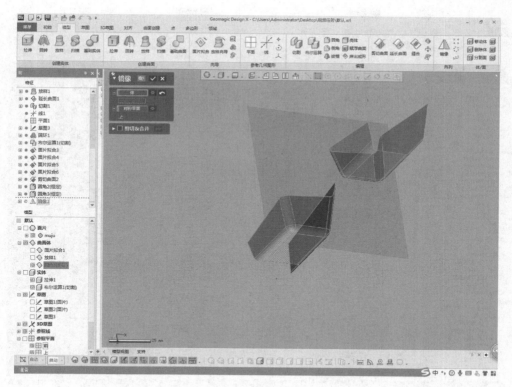

图 3-51

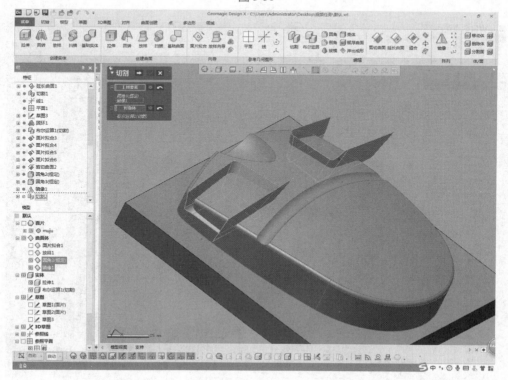

图 3-52

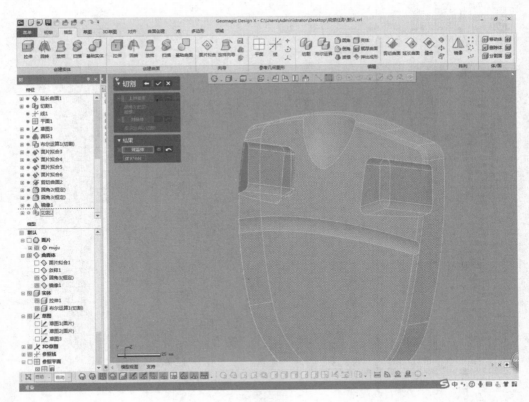

图 3-53

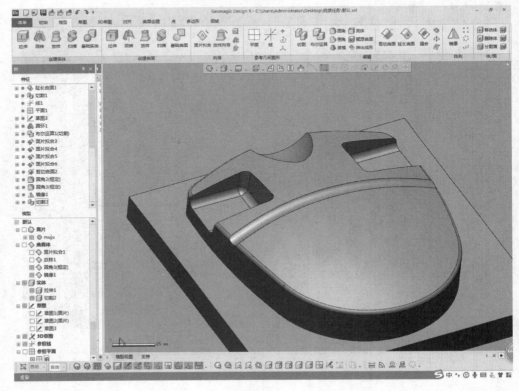

图 3-54

步骤 26：在工具面板中，单击"模型"，进入"模型"工具栏，单击"面片拟合"  按钮，选择如图 3-55 所示，单击"确定" 按钮即可。

图 3-55

步骤 27：在工具面板中，单击"草图"，进入"草图工具栏"，单击"面片草图" ，在"面片草图"的对话框中，勾选"平面投影"复选框，"基准平面"选择"前"，设置"轮廓投影范围"为"63"，如图 3-56 所示，单击"确定" 按钮，进入"面片草图"模式，结果如图 3-57 所示。利用"3 点圆弧" 、"圆角" 命令，对"工件轮廓"区域进行拟合及约束，结果如图 3-58 所示，单击"退出" 按钮，退出"面片草图"模式。

步骤 28：在工具面板中，单击"模型"，进入"模型"工具栏，单击"拉伸" 按钮，轮廓选择"草图 4（面片）"作为轮廓，"方法"选择"距离"，设置"长度"为"16.5"，如图 3-59 所示，单击"确定" 按钮。

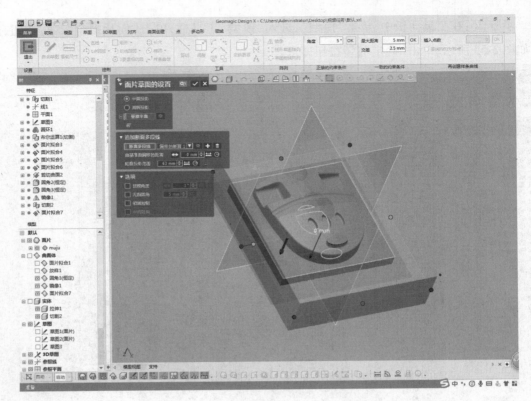

图 3-56

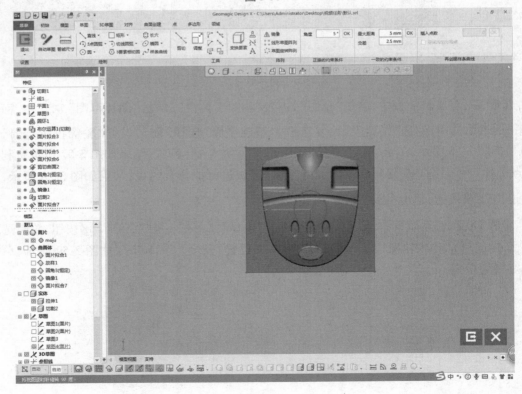

图 3-57

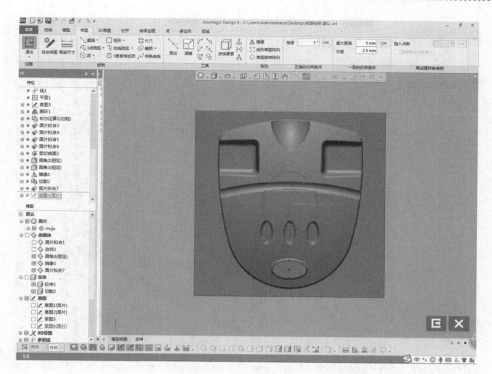

图 3-58

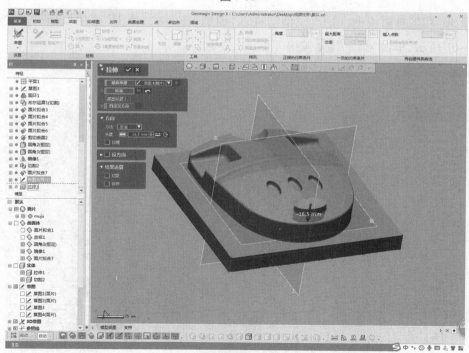

图 3-59

步骤 29：在工具面板中，单击"模型"，进入"模型"工具栏，单击"面片拟合" 按钮，选择如图 3-60 所示，单击"确定" 按钮即可。

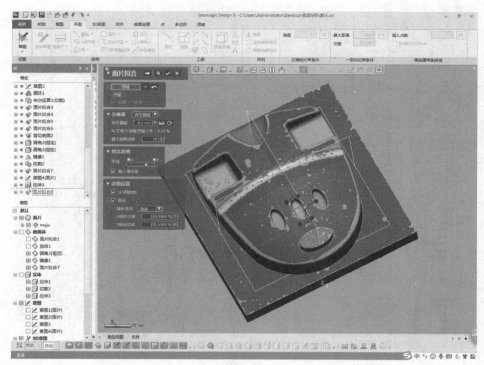

图 3-60

步骤 30：在工具面板中，单击"模型"，进入"模型"工具栏，单击"面片拟合" 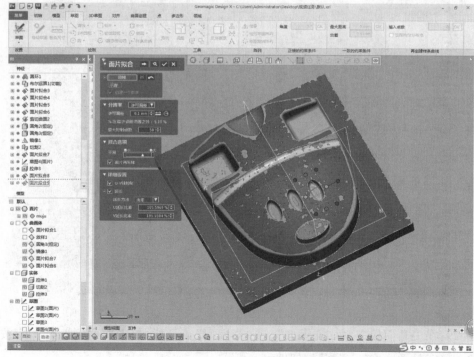 按钮，选择如图 3-61 所示，单击"确定" 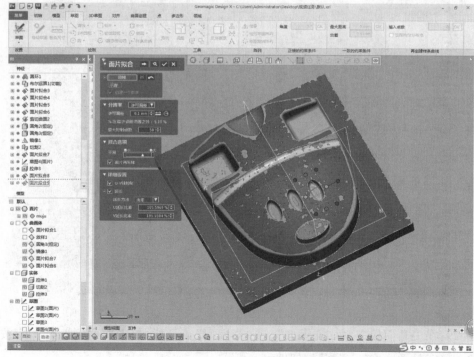 按钮即可。

图 3-61

步骤 31：在工具面板中，单击"草图" 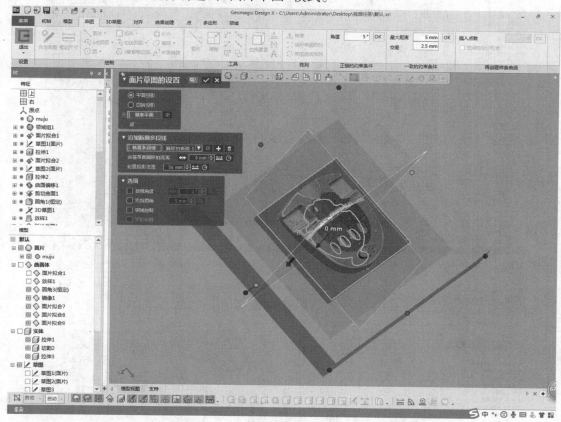，进入"草图工具栏"，单击"面片草图"，在"面片草图"的对话框中，勾选"平面投影"复选框，"基准平面"选择"前"，设置"轮廓投影范围"为"56"，如图 3-62 所示，单击"确定"按钮，进入"面片草图"模式，结果如图 3-63 所示。利用"3 点圆弧"、"圆角"命令，对"工件轮廓"区域进行拟合及约束，结果如图 3-64 所示，单击"退出"按钮退出样图，退出"面片草图"模式。

图 3-62

步骤 32：在工具面板中，单击"模型"，进入"模型"工具栏，单击"拉伸"按钮，轮廓选择"草图 5（面片）"作为轮廓，"方法"选择"距离"，设置"长度"为"16.5"，如图 3-65 所示，单击"确定"按钮。

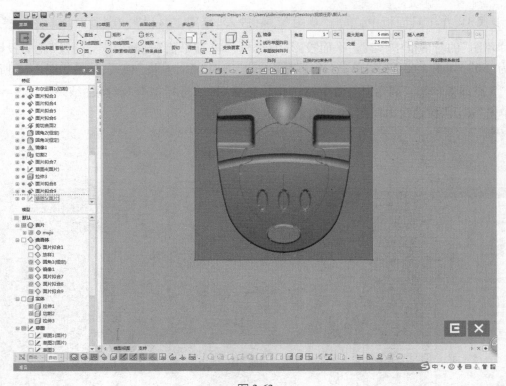

图 3-63

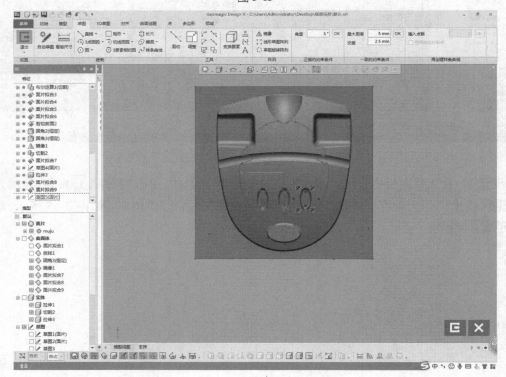

图 3-64

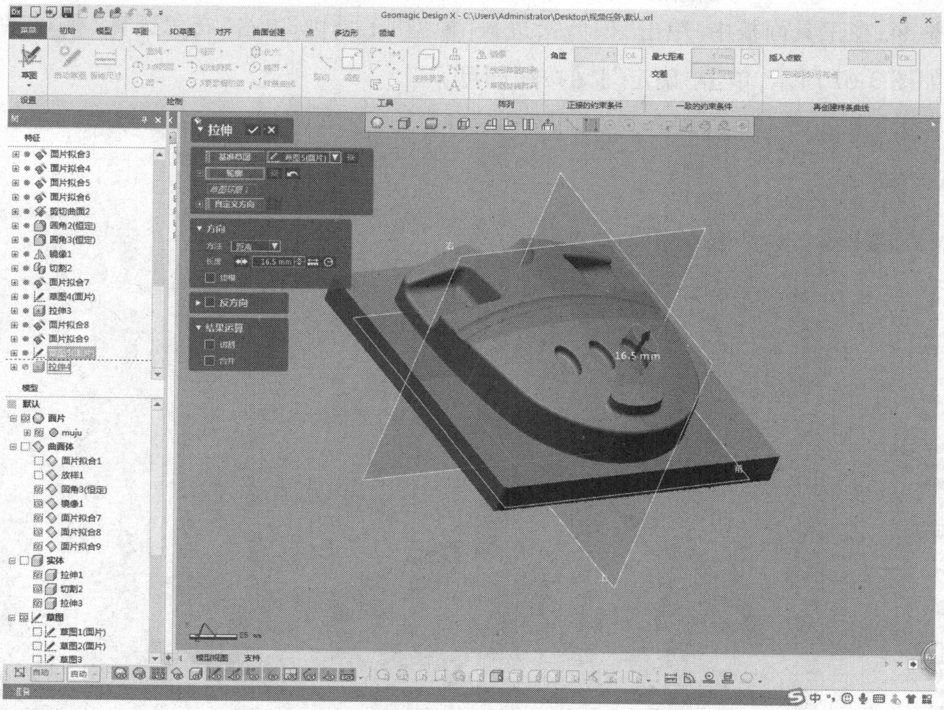

图 3-65

步骤 33：在工具面板中，单击“模型”，进入“模型”工具栏，单击“镜像”按钮，“对称平面”选“上”，选择图形如图 3-66 所示，单击“确定”按钮即可。

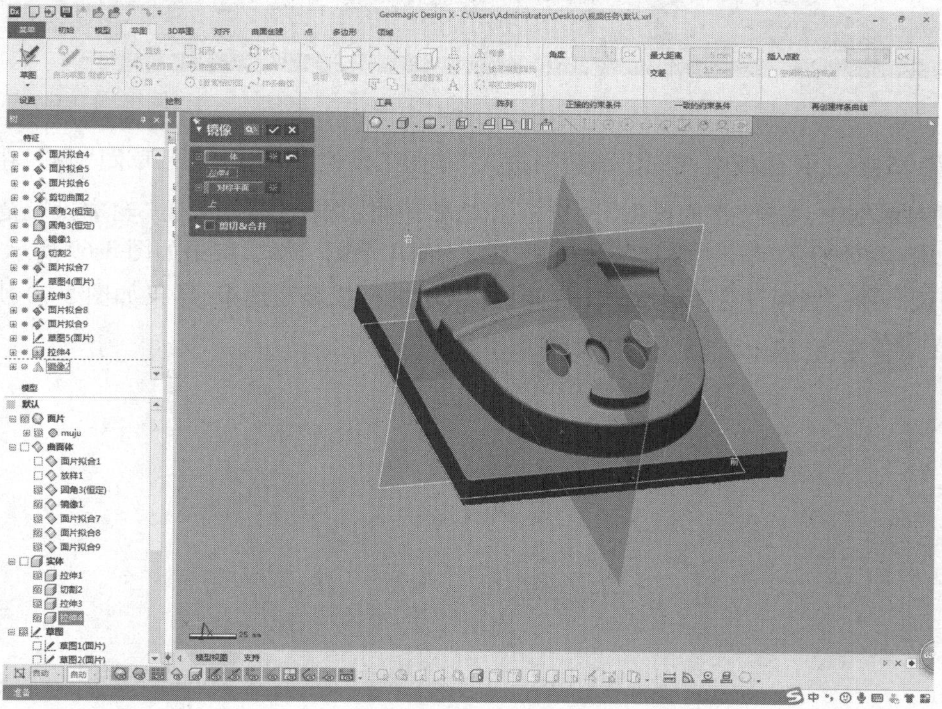

图 3-66

步骤 34：在工具面板中，单击"模型"，进入"模型"工具栏，单击"布尔运算" 按钮，选择
"切割"如图 3-67 所示，单击"确定" 按钮即可。

图 3-67

步骤 35：在工具面板中，单击"草图"，进入"草图工具栏"，单击"面片草图" ，在"面片
草图"的对话框中，勾选"平面投影"复选框，"基准平面"选择"前"，设置"轮廓投影范围"为
"56"，如图 3-68 所示，单击"确定" 按钮，进入"面片草图"模式，结果如图 3-69 所示。利用
"3 点圆弧" 、"圆角" 命令，对"工件轮廓"区域进行拟合及约束，结果如图 3-70 所示，单
击"退出" 按钮，退出"面片草图"模式。

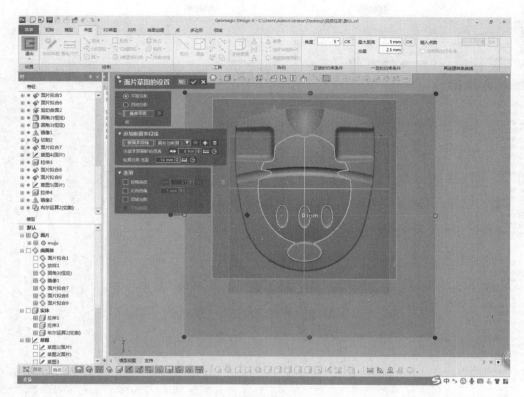

图 3-68

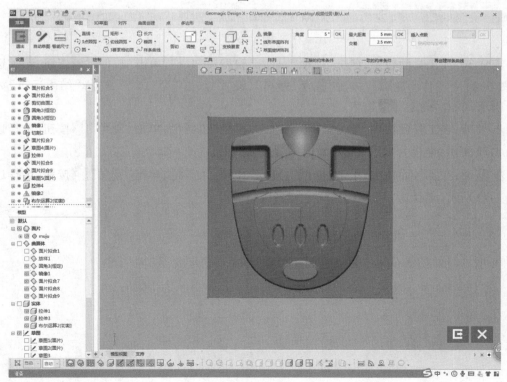

图 3-69

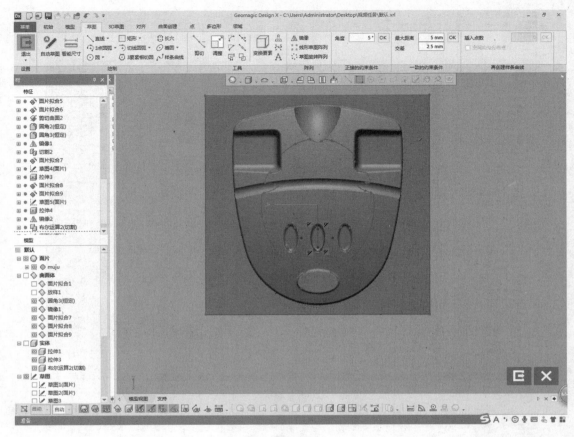

图 3-70

步骤36：在工具面板中，单击"模型"，进入"模型"工具栏，单击"拉伸" 按钮，轮廓选择"草图 6（面片）"作为轮廓，"方法"选择"距离"，设置"长度"为"16.5"，选择"结果运算"如图3-71所示，单击"确定" ✔ 按钮。

步骤37：在工具面板中，单击"模型"，进入"模型"工具栏，单击"圆角" 按钮，选择边线如图3-72所示，半径为"2"，单击"确定" ✔ 按钮即可。

步骤38：在工具面板中，单击"模型"，进入"模型"工具栏，单击"圆角" 按钮，选择边线如图3-73所示，半径为"1"，单击"确定" ✔ 按钮即可。

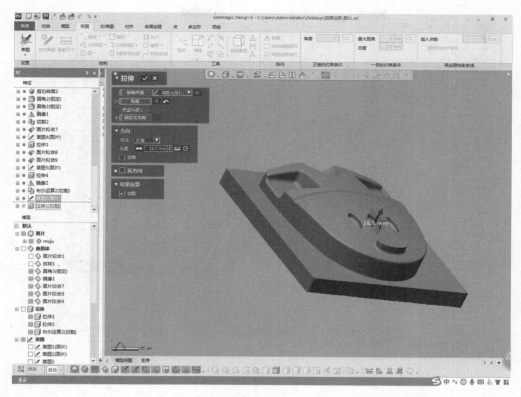

图 3-71

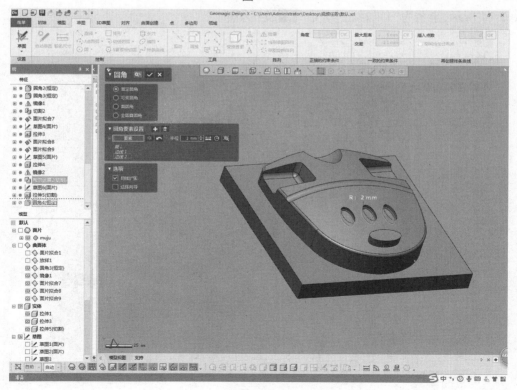

图 3-72

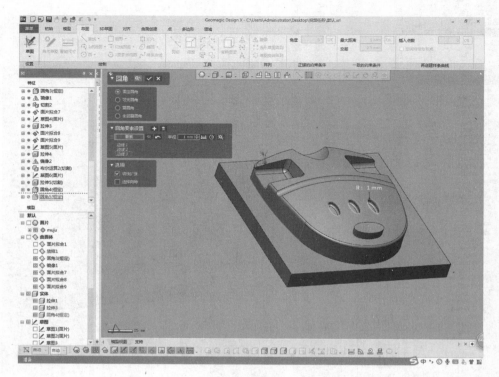

图 3-73

步骤 39：在工具面板中，单击"模型"，进入"模型"工具栏，单击"圆角" 按钮，选择边线如图 3-74 所示，半径为"1"，单击"确定" 按钮即可。

图 3-74

步骤 40：在工具面板中，单击"模型"，进入"模型"工具栏，单击"布尔运算" 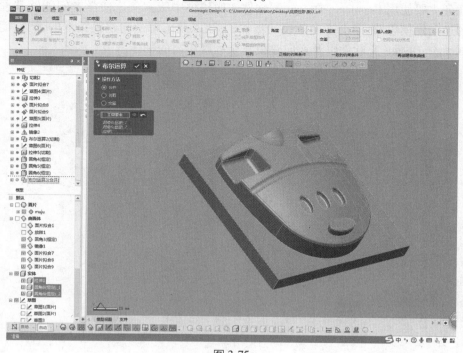 按钮，选择"合并"如图 3-75 所示，单击"确定" ✔ 按钮即可。

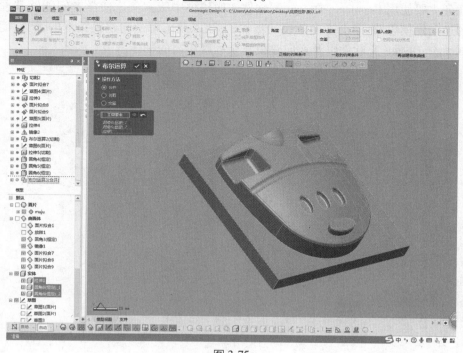

图 3-75

步骤 41：在工具面板中，单击"模型"，进入"模型"工具栏，单击"圆角" 按钮，选择边线如图 3-76 所示，半径为"2"，单击"确定" ✔ 按钮即可。

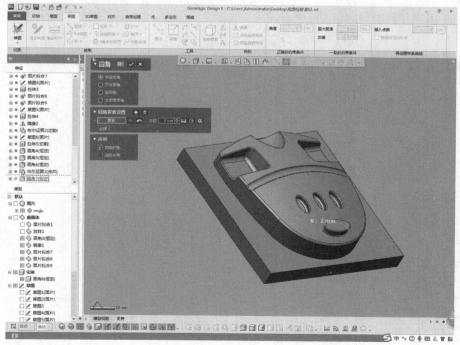

图 3-76

3.2.5　任务总结

本任务主要使用 Geomagic Design X 软件逆向建模中级案例。使学者们能够掌握建模目标物体的逆向建模思路,学会逆向建模的步骤、方法以及了解逆向建模技术的优势;能够熟练使用 Geomagic Design X 软件以及逆向建模复杂程度不高的物体。

项目 4

高级案例逆向设计过程

任务 4.1　高级案例数据处理

4.1.1　任务描述及案例引入

技术工程师进行为期一周的前端设计培训,现以高级案例讲解 3D 打印前端设计的案例分析、案例数据采集以及点云数据处理的过程及具体操作。

4.1.2　任务目标

(一)能力目标

(1)掌握模型数据采集前的整体分析

(2)掌握天远 OKIO 扫描仪采集案例数据的操作

(3)能够熟练处理扫描采集的点云数据

(二)知识目标

(1)学会数据采集的步骤及方法

(2)学会点云数据处理的技巧

(3)了解到点云数据处理的重要性

(三)素质目标

(1)具有严谨、求实精神

(2)具有个人实践创新能力

(3)具备 5S 职业素养

4.1.3 高级案例数据采集前处理

（一）案例分析

模型案例材质为钢铁（图 4-1），外表面高度反光，可分析得出数据采集前需喷涂显像剂（图 4-2）。

图 4-1　钢铁材质

图 4-2　显像剂

（二）案例处理

使用三维扫描仪对案例进行数据采集前的首要步骤是分析案例，需处理模型以便扫描以及减少拼接误差。可得出案例扫描测量前需喷涂显像剂，案例处理前效果如图 4-3 所地示，处理后效果如图 4-4 所示。

图 4-3　处理前

图 4-4　处理后

4.1.4 点云数据处理过程以及操作

（一）数据采集操作

步骤 1：新建工程。启动设备后双击打开 3D Scan 软件，点击【新建工程】，命名文件及选择保存路径，点击【确定】，如图 4-5 所示。

图 4-5　新建工程

步骤 2：相机中显示出物体，点击【测量】，扫描仪开始采集物体数据，如图 4-6 所示。

图 4-6　扫描测量

步骤 3：扫描采集数据后，等待软件计算后，主窗口显示扫描采集数据，如图 4-7 所示。

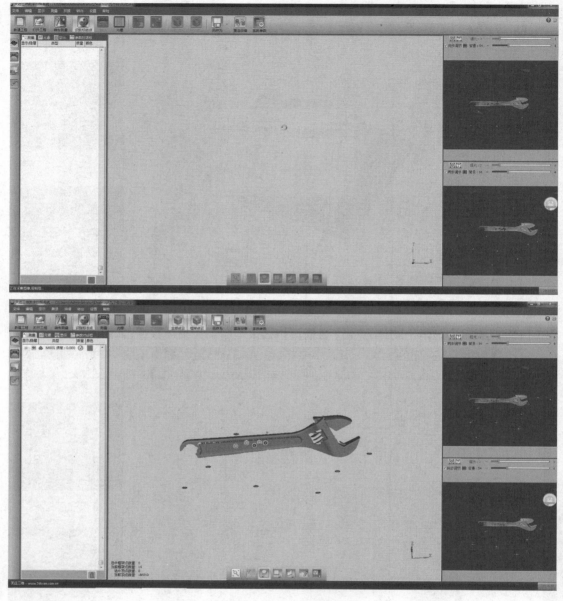

图 4-7　数据采集

　　步骤 4:扫描采集数据后对三维旋转模型进行观察,扫描仪识别到四个以上的标志点即可进行下一组数据采集并自动拼接。若存在特征扫描缺失的情况,可进行补充采集,直至数据采集完整为止,如图 4-8 所示。

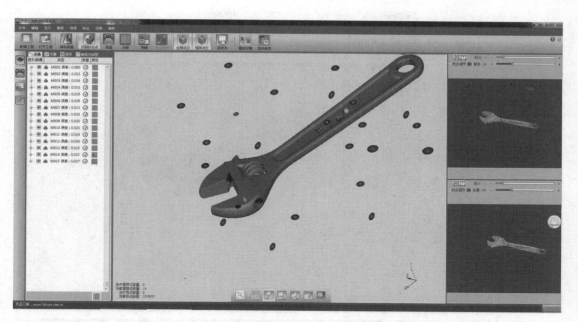

图 4-8　数据采集并拼接

(二)点云数据处理过程

步骤 1:导入文件。点击【导入】,选择.asc 文件,点击【打开】,如图 4-9 所示。

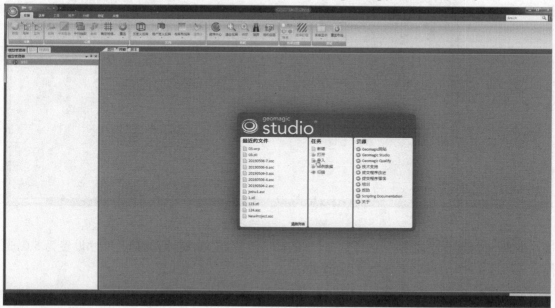

图 4-9　导入文件

步骤 2:点云着色。点击【着色】选项中的【着色点】,如图 4-10 所示。

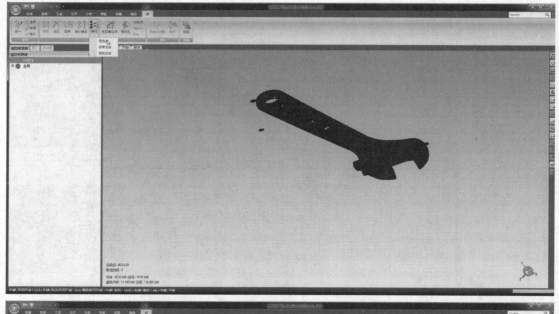

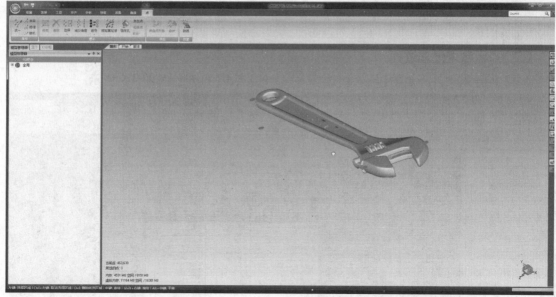

图 4-10　点云着色

　　步骤 3：删除非连接项。点击【选择】中的【非连接项】，分隔设置为低，尺寸设置为 5.0，选择完成后按 Delete 键删除，如图 4-11 所示。

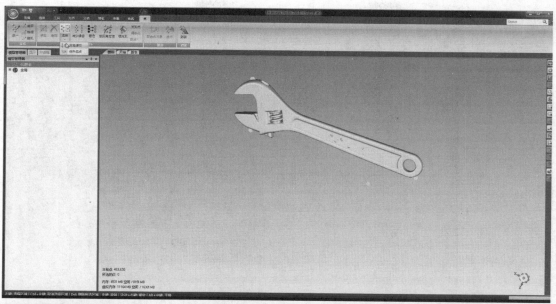

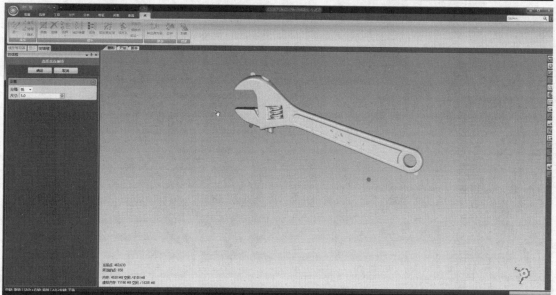

图 4-11　删除非连接项

步骤 4：删除体外弧点。点击【选择】中的【体外弧点】，敏感度设置为 85.0，选择完成后按 Delete 删除，如图 4-12 所示。

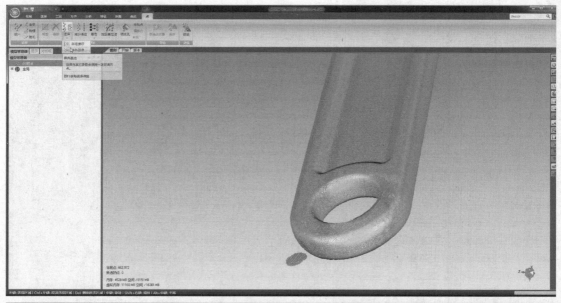

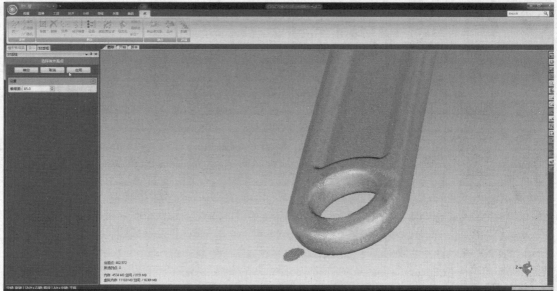

图 4-12　删除体外弧点

步骤 5：通过缩放视图观察，存在明显的杂点，需进行手动删除，按住鼠标左键框选杂点，按 Delete 删除，如图 4-13 所示。

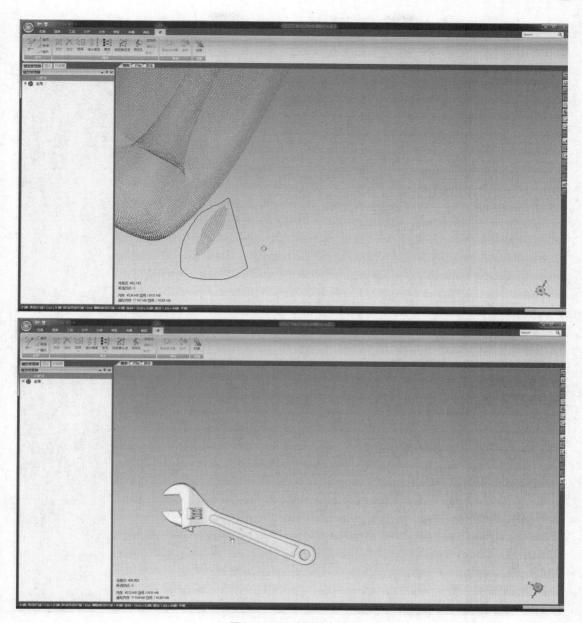

图 4-13　手动删除杂点

　　步骤 6：减少噪声。点击【减少噪声】，迭代设置为 5，偏差限制设置为 0.05，减少噪声可将同一曲率上偏离主体点云过大的点去除，如图 4-14 所示。

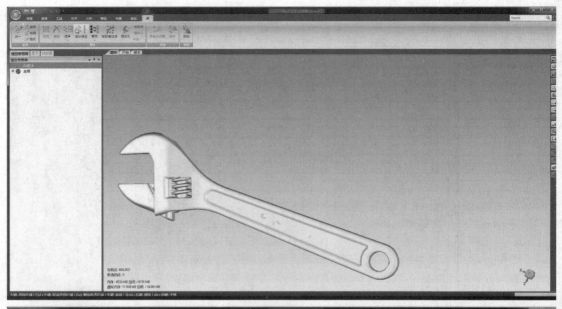

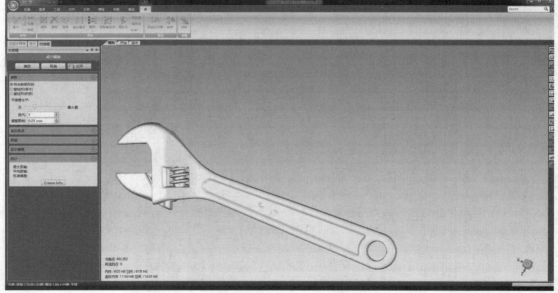

图 4-14　减少噪音

　　步骤 7：点云封装。点击【封装】，按照默认参数设置，点云数据转换为网格面片，如图4-15所示。

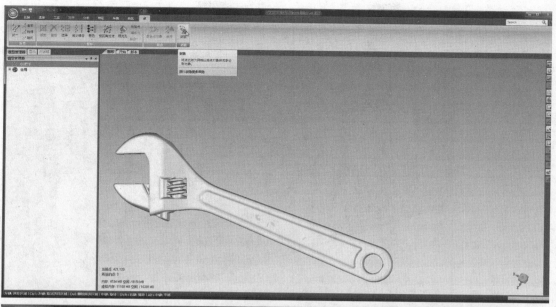

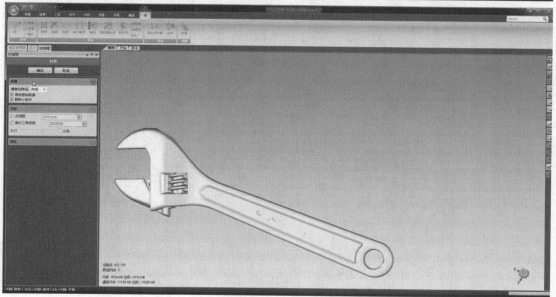

图4-15 点云封装

　　步骤8:修补孔洞。可使用鼠标左键框选破损的面片区域,按Delete 删除,使用【填充单个孔】命令将孔洞自动填补,直到数据处理完成,如图4-16 所示。

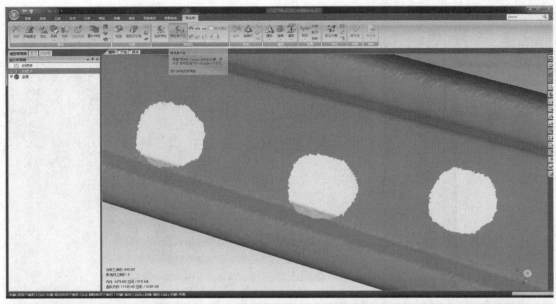

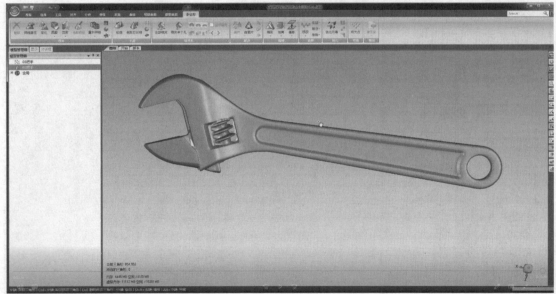

图 4-16 填补孔洞

4.1.5 任务总结

　　本任务主要讲述高级案例的数据采集以及点云数据处理。使学者们能够在数据采集前先分析模型,学会数据采集的步骤及方法并了解到点云数据处理的重要性;通过章节讲解和演示,掌握天远 OKIO 扫描仪数据采集的操作并能熟练处理扫描采集的点云数据。

任务 4.2 高级案例逆向建模

4.2.1 任务描述及案例引入

技术工程师进行为期一周的前端设计培训,现以高级案例讲解 3D 打印前端设计中的逆向建模重构模型。

4.2.2 任务目标

（一）能力目标

（1）掌握建模目标物体的逆向建模思路

（2）熟悉使用 Geomagic Design X 软件

（3）能够熟练逆向建模复杂程度不高的物体

（二）知识目标

（1）学会逆向建模的步骤及方法

（2）学会逆向建模的技巧

（3）了解到逆向建模技术的优势

（三）素质目标

（1）具有严谨、求实精神

（2）具有个人实践创新能力

（3）具备 5S 职业素养

4.2.3 Geomagic Design X 软件及其特点

（一）Geomagic Design X 软件

Geomagic Design X 是业界最全面的逆向工程软件,它结合了传统 CAD 与 3D 扫描数据处理,使您能创建可编辑基于特征的 CAD 实体模型,并与现有的 CAD 软件兼容,如图 4-17 所示。

（二）功能优势

（1）兼具强大的功能与灵活性

Geomagic Design X 是专为将三维扫描数据转换为基于特征的高质量 CAD 模型而打造的。它可实现包括提取自动和导向性的实体模型、将精确的曲面拟合到有机三维扫描、编辑面片以及处理点云在内的诸多功能,从而完成其他软件无法完成的工作。现在,便可以对大部分物体进行扫描并创建随时可供制造的设计。

（2）增强 CAD 环境

将 3D 扫描无缝融入到您的常规设计流程中,从而帮助您提高工作效率并节省工作时间。Geomagic Design X 对您的整个设计生态系统进行了补充,使用专利的 LiveTransfer 技术输出到 SOLIDWORKS、Siemens NX、Solid Edge、Autodesk Inventor、PTC Creo 和 Pro/ENGINEER。这样便可将扫描的模型非常快速地转换成使用的主流 CAD 环境。

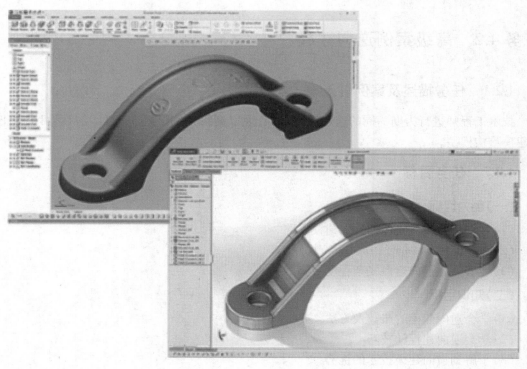

图 4-17

（3）拓展您的设计能力

设计不再凭空开始，而是基于现实世界。Geomagic Design X 通过最简单的方式由 3D 扫描仪采集的数据创建可编辑基于特征的 CAD 模型，并将它们集成到您现有的工程设计流程中，如图 4-18 所示。

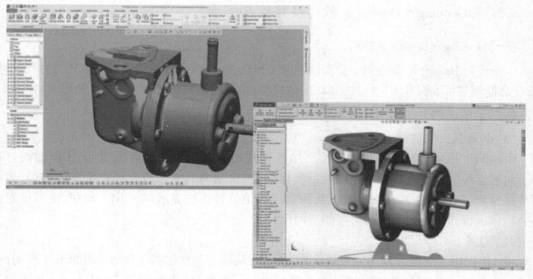

图 4-18

（4）完成不可能的工作

创造那些只能通过逆向工程进行设计的产品，以及需要与人体完美契合的部件；创造能够与现有产品完美集成的组件；重新创建无法以其他方式完成的复杂几何形状，如图 4-19 所示。

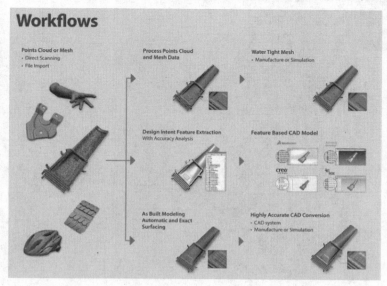

图 4-19

4.2.4 高级案例逆向建模过程以及操作

以下内容讲述高级案例使用 Geomagic Design X 软件逆向建模的操作。

步骤 1：在快速访问工具栏中，单击"导入" 按钮，弹出如图 4-20 所示的对话框，选择"数控零件"，单击"仅导入"按钮，导入三角面片，结果如图 4-21 所示。

高级案例
逆向建模

图 4-20

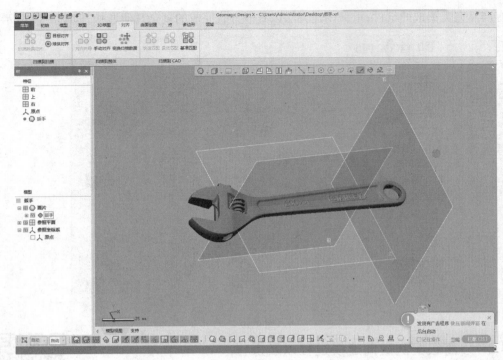

图 4-21

步骤 2:在工具面板中,单击"领域",进入"领域工具栏",单击"画笔选择模式" 对扳手的单个面进行涂画,涂画完成后单击插入 完成领域,先将扳手所有需要领域的面进行领域,结果如图 4-22 所示。

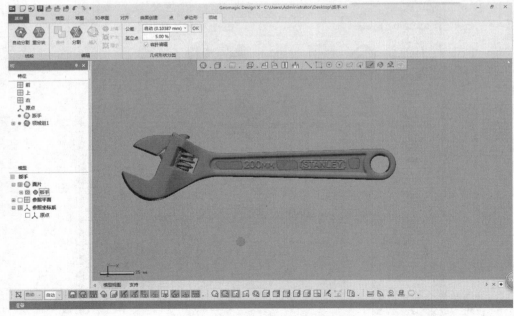

图 4-22

步骤 3：在工具面板中，单击"模型"，进入"模型"工具栏，单击"面片拟合" 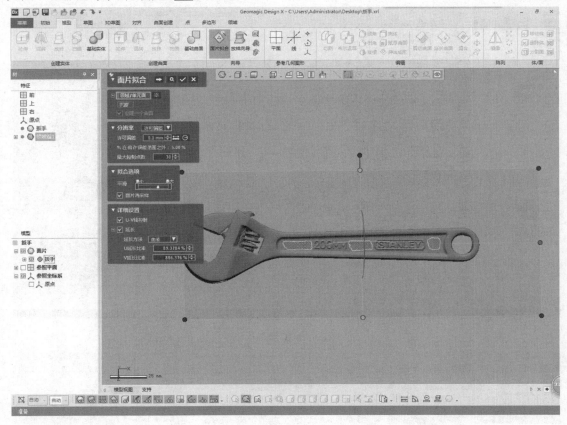 按钮，选择如图 4-23 所示，单击"确定" 按钮即可。

图 4-23

步骤 4：在工具面板中，单击"草图"，进入"草图工具栏"，单击"面片草图" ，在"面片草图"的对话框中，勾选"平面投影"复选框，"基准平面"选择"面片拟合"，设置"轮廓投影范围"为"2"，如图 4-24 所示，单击"确定" 按钮，进入"面片草图"模式，结果如图 4-25 所示。利用"直线" 、"智能尺寸" 命令，做出如图 4-26 所示效果，单击"退出" 按钮，退出"面片草图"模式。

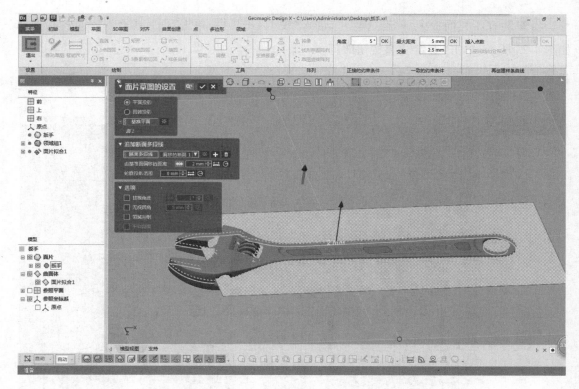

图 4-24

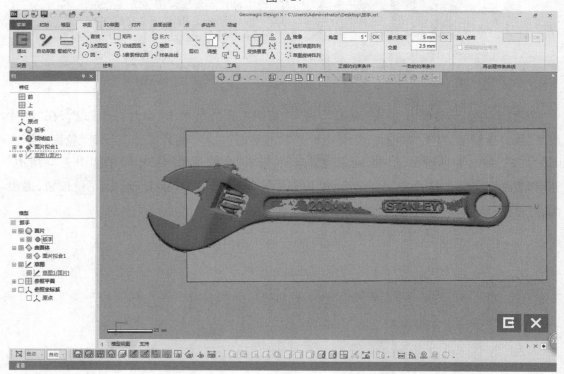

图 4-25

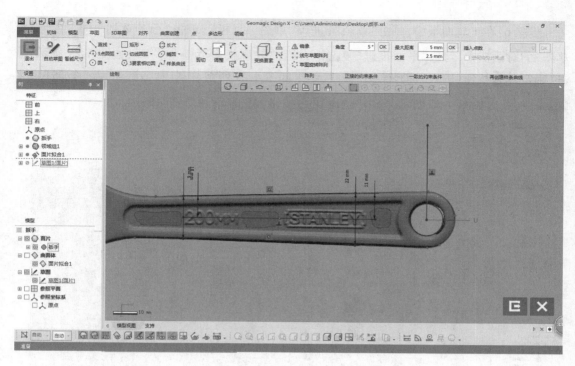

图 4-26

步骤 5：在工具面板中，单击"模型"，进入"模型"工具栏，单击"拉伸" 按钮，"轮廓"选择"草图 1（面片）"，"方法"设置为"距离"，"长度"设置为"50"，结果如图 4-27 所示，单击"确定" 按钮即可。

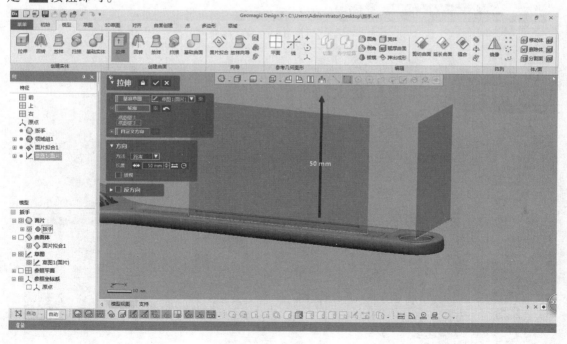

图 4-27

步骤 6:在工具面板中,单击"草图",进入"草图工具栏",单击"面片草图" 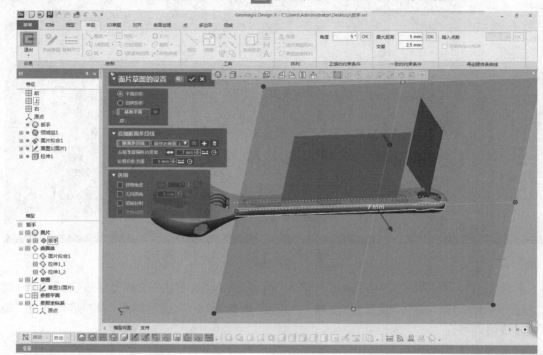,在"面片草图"的对话框中,勾选"平面投影"复选框,设置"轮廓投影范围"为"7",如图 4-28 所示,单击"确定"按钮,进入"面片草图"模式,结果如图 4-29 所示。利用"直线"、"智能尺寸"命令,做出如图 4-30 所示,单击"退出"按钮,退出"面片草图"模式。

图 4-28

图 4-29

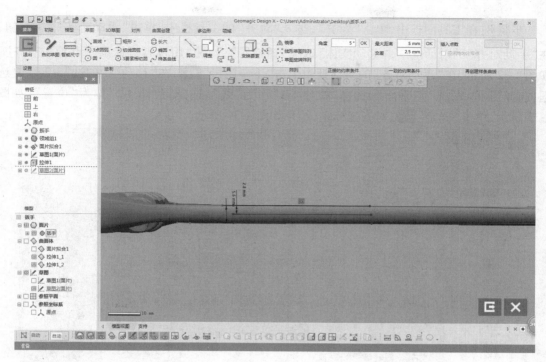

图 4-30

步骤 7：工具面板中，单击"模型"，进入"模型"工具栏，单击"拉伸" 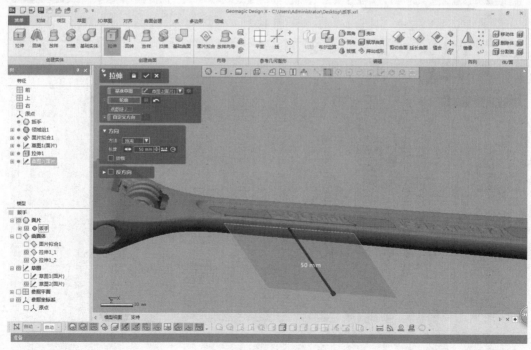 按钮，"轮廓"选择"草图 2（面片）"，"方法"设置为"距离"，"长度"设置为"50"，结果如图 4-31 所示，单击"确定" 按钮即可。

图 4-31

步骤 8：在工具面板中，单击"对齐"，进入"对齐"的工具栏中，单击"手动对齐" 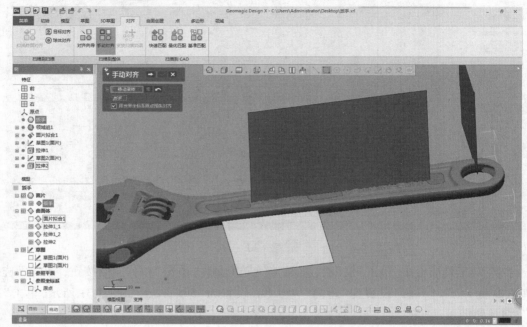 按钮，在"手动对齐"的对话框中，"移动实体"选择"遥控器"，勾选"用世界坐标系原点预先对齐"，如图 4-32 所示，在"手动对齐"的对话框中单击"下一阶段" ➡，在"移动"中勾选"3-2-1"复选框，选择"拉伸 2"作为"平面"、选择"拉伸 4-1"作为"线"、选择"拉伸 4-2"作为"位置"，如图 4-33 所示，单击"确定" ✔，对齐坐标系，结果如图 4-34 所示。

图 4-32

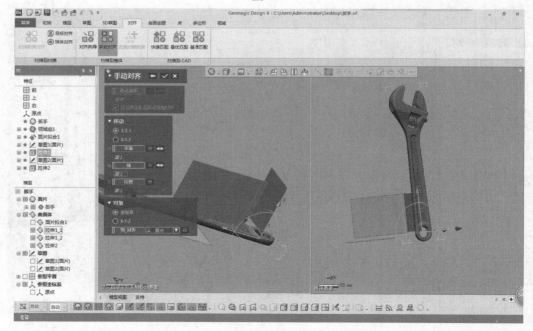

图 4-33

150

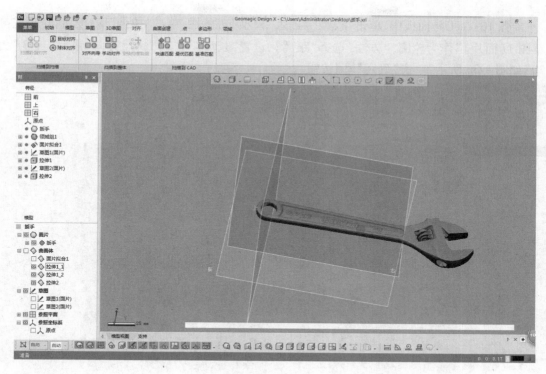

图 4-34

步骤9：在工具面板中，单击"草图"，进入"草图工具栏"，单击"面片草图" ，在"面片草图"的对话框中，勾选"平面投影"复选框，"基准平面"选择"右"，设置"轮廓投影范围"为"0"，单击"确定" 按钮，进入"面片草图"模式。利用"直线" 命令，对"扳手轮廓"区域进行拟合及约束，结果如图4-35所示，单击"退出" 按钮，退出"面片草图"模式。

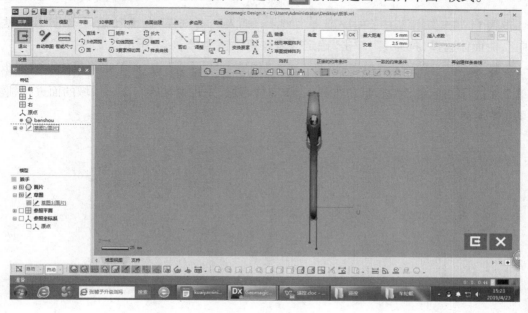

图 4-35

步骤 10：在工具面板中，单击"模型"，进入"模型"工具栏，单击"拉伸"⬆️按钮，轮廓选择"草图 1（面片）"作为轮廓，"方法"选择"距离"，设置"长度"为"20"，"反方向"设置"长度"为"20"如图 4-36 所示，单击"确定"✅按钮。

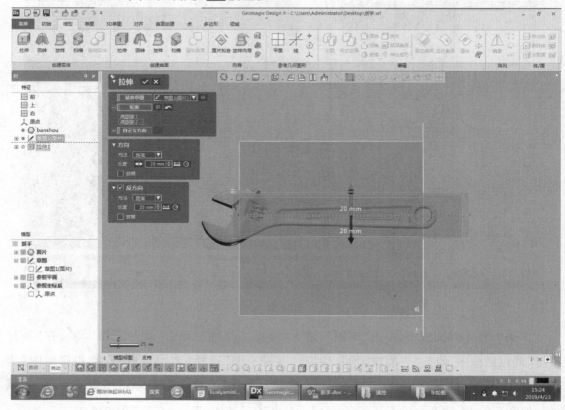

图 4-36

步骤 11：在工具面板中，单击"菜单"，选择"插入"，再选择"曲面"，然后单击"反转法线方向"，曲面体选择"拉伸 1"，单击"确定"✅按钮，结果如图 4-37 所示。

步骤 12：在工具面板中，单击"领域"，进入"领域工具栏"，单击"画笔选择模式"🖌️对扳手的单个面进行涂画，涂画完成后单击插入🔵完成领域，先将模具所有需要领域的面进行领域，结果如图 4-38 所示。

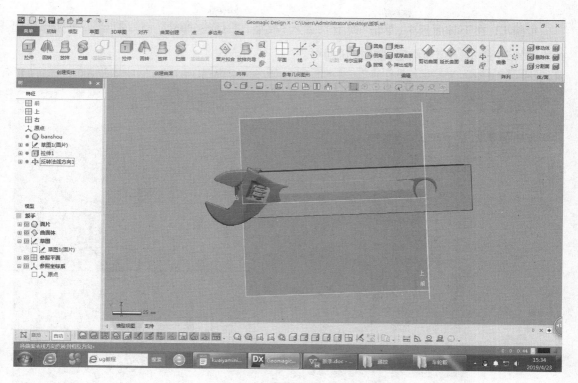

图 4-37

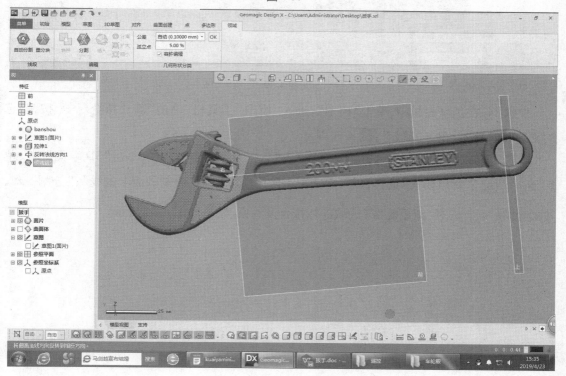

图 4-38

步骤 13：在工具面板中，单击"模型"，进入"模型"工具栏，单击"面片拟合" 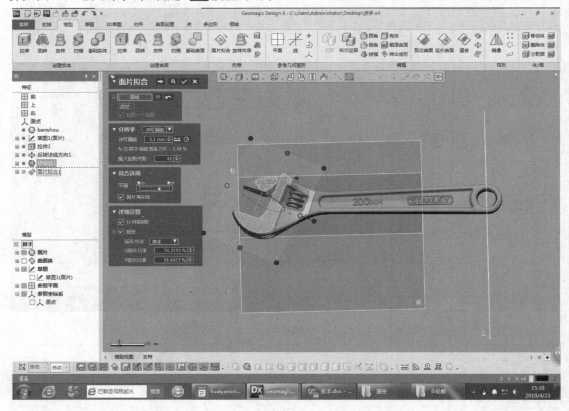 按钮，选择如图 4-39 所示，单击"确定" ✓ 按钮即可。

图 4-39

步骤 14：在工具面板中，单击"模型"，进入"模型"工具栏，单击"面片拟合" ◇ 按钮，选择如图 4-40 所示，单击"确定" ✓ 按钮即可。

步骤 15：在工具面板中，单击"3D 草图"，进入"3D 草图"工具栏，单击"3D 草图" ✕，单击"断面" 🔲，"对象要素"选择扳手，单击下一阶段 ➡，利用"绘制画面上的线"、"分割" ↺、"样条曲线" ∿ 对"扳手轮廓"区域进行拟合及约束，结果如图 4-41 所示。

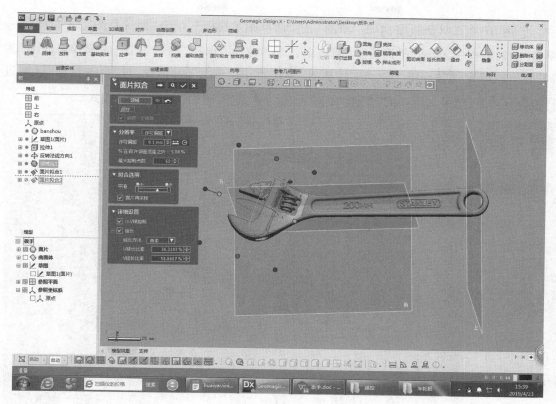

图 4-40

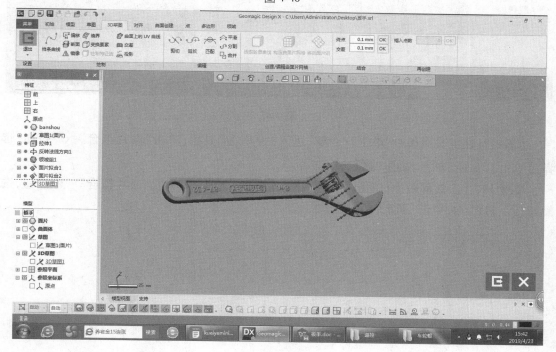

图 4-41

步骤16：在工具面板中，单击"草图"，进入"草图工具栏"，单击"面片草图" ，在"面片草图"的对话框中，勾选"平面投影"复选框，"基准平面"选择"前"，设置"轮廓投影范围"为"0"，单击"确定" 按钮，进入"面片草图"模式，利用"直线" 命令，对"扳手轮廓"区域进行拟合及约束，结果如图 4-42 所示，单击"退出" 按钮，退出"面片草图"模式。

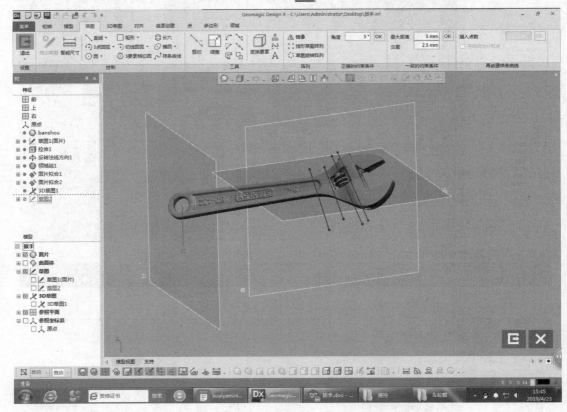

图 4-42

步骤17：在工具面板中，单击"模型"，进入"模型"工具栏，单击"面片拟合" 按钮，选择如图 4-43 所示，单击"确定" 按钮即可。

步骤18：在工具面板中，单击"模型"，进入"模型"工具栏，单击"面片拟合" 按钮，选择如图 4-44 所示，单击"确定" 按钮即可。

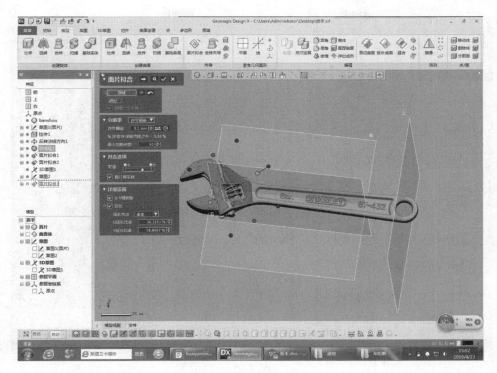

图 4-43

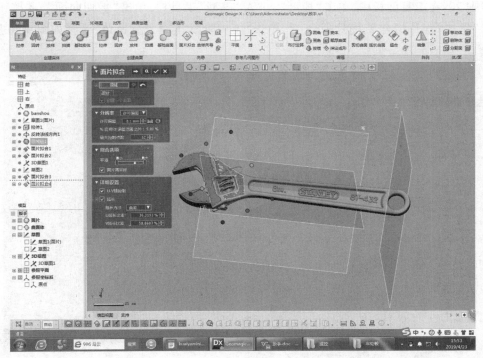

图 4-44

步骤19：在工具面板中，单击"模型"，进入"模型"工具栏，单击"剪切曲面" 🔷 按钮，"工具要素"选择"面片拟合1、面片拟合3"，单击"下一阶段" ➡️ ，"残留体"选择如图4-45所示。

157

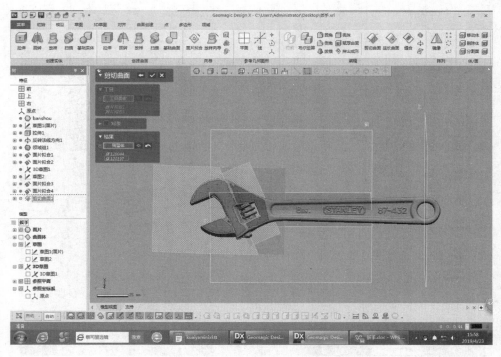

图 4-45

步骤 20：在工具面板中，单击"模型"，进入"模型"工具栏，单击"剪切曲面" 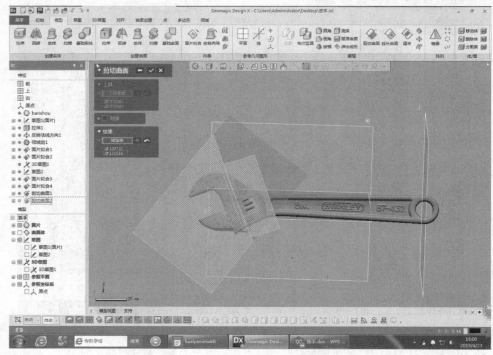 按钮，"工具要素"选择"面片拟合 2、面片拟合 4"，单击"下一阶段" ➡️，"残留体"选择如图 4-46 所示。

图 4-46

步骤21:在工具面板中,单击"草图",进入"草图工具栏",单击"面片草图" 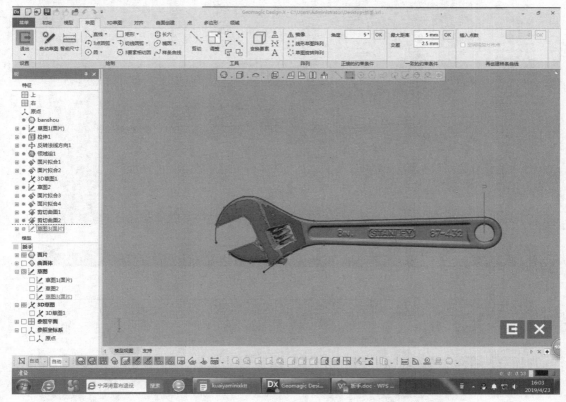,在"面片草图"的对话框中,勾选"平面投影"复选框,"基准平面"选择"前",设置"轮廓投影范围"为"0",单击"确定" ✓ 按钮,进入"面片草图"模式,结果如图4-47所示,单击"退出" ▣ 按钮,退出"面片草图"模式。

图 4-47

步骤22:在工具面板中,单击"草图",进入"草图工具栏",单击"草图",结果如图4-48所示,单击"退出" ▣ 按钮,退出"草图"模式。

步骤23:在工具面板中,单击"模型",进入"模型"工具栏,单击"拉伸" ▣ 按钮,轮廓选择"草图4"作为轮廓,"方法"选择"距离",设置"长度"为"20","反方向"设置"长度"为"20"如图4-49所示,单击"确定" ✓ 按钮。

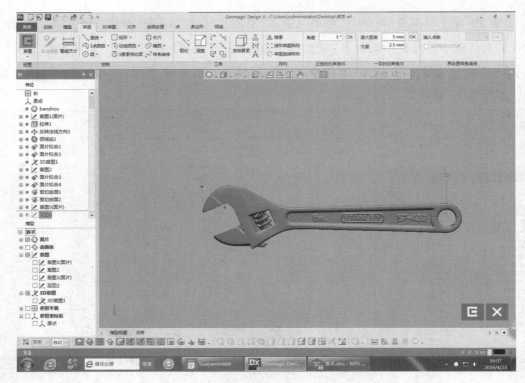

图 4-48

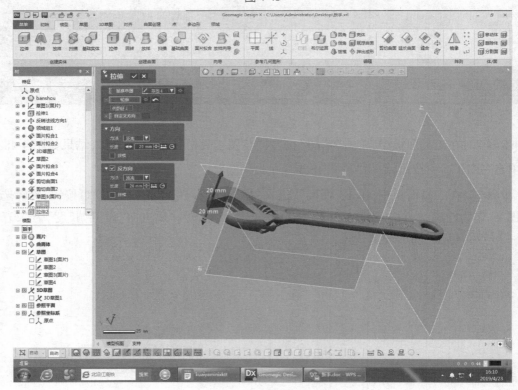

图 4-49

步骤24:在工具面板中,单击"草图",进入"草图工具栏",单击"面片草图" ,在"面片草图"的对话框中,勾选"平面投影"复选框,"基准平面"选择"右",设置"轮廓投影范围"为"0",单击"确定" 按钮,进入"面片草图"模式,结果如图4-50所示,单击"退出" 按钮,退出"面片草图"模式。

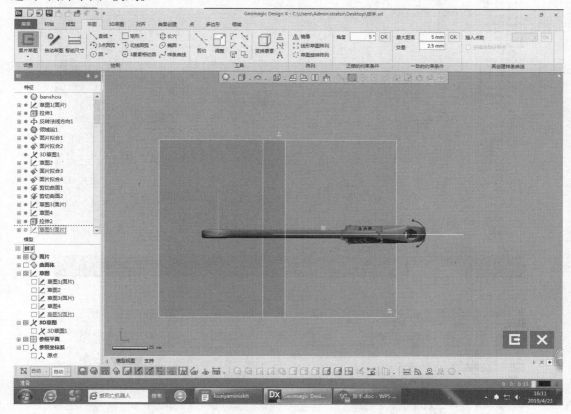

图 4-50

步骤25:在工具面板中,单击"模型",进入"模型"工具栏,单击"扫描" 按钮,轮廓选择"草图5(面片)",路径选择"草图3(面片)",单击"确定" 按钮即可,结果如图4-51所示。

步骤26:在工具面板中,单击"模型",进入"模型"工具栏,单击"圆角" 按钮,选择边线如图4-52所示,半径为"9",单击"确定" 按钮即可。

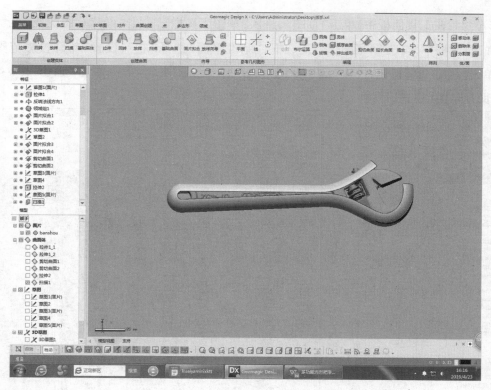

图 4-51

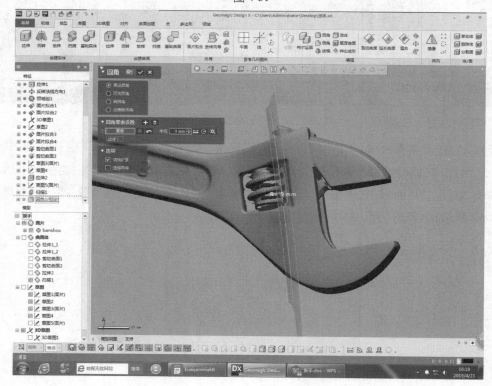

图 4-52

步骤 27：在工具面板中，单击"模型"，进入"模型"工具栏，单击"圆角" 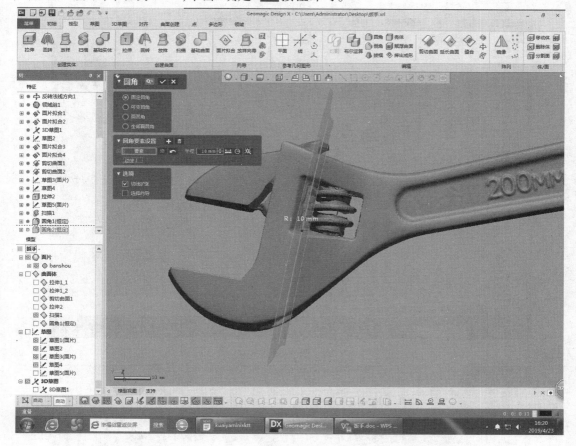按钮，选择边线如图 4-53 所示，半径为"10"，单击"确定" 按钮即可。

图 4-53

步骤 28：在工具面板中，单击"草图"，进入"草图工具栏"，单击"草图"，结果如图 4-54 所示，单击"退出" 按钮，退出"草图"模式。

步骤 29：在工具面板中，单击"模型"，进入"模型"工具栏，单击"剪切曲面" 按钮，"工具要素"选择"草图 6"，"对象体"选择"圆角 1、圆角 2，拉伸 1、拉伸 2"单击"下一阶段" ，"残留体"选择如图 4-55 所示。

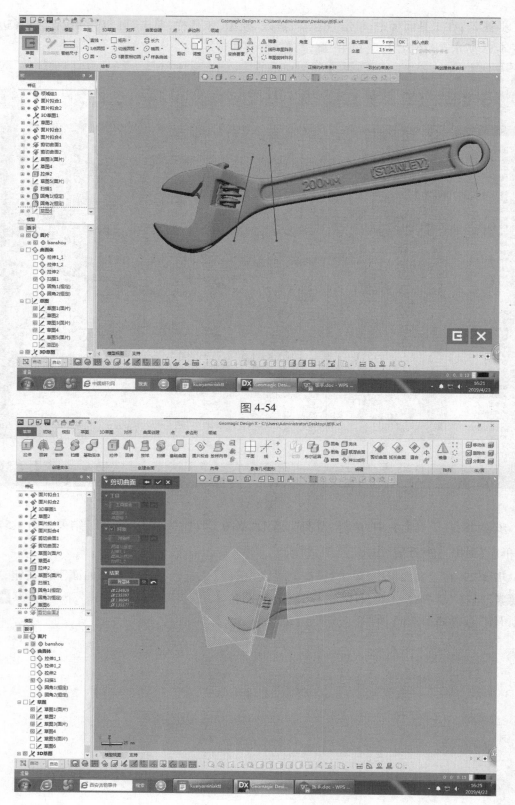

图 4-54

图 4-55

步骤 30：在工具面板中，单击"模型"，进入"模型"工具栏，单击"放样" 按钮，选择如图 4-56 所示，单击"确定" 按钮。

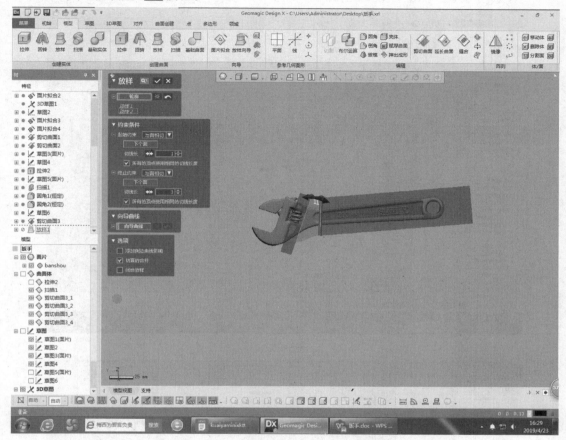

图 4-56

步骤 31：在工具面板中，单击"模型"，进入"模型"工具栏，单击"放样" 按钮，选择如图 4-57 所示，单击"确定" 按钮。

步骤 32：在工具面板中，单击"草图"，进入"草图工具栏"，单击"面片草图" ，在"面片草图"的对话框中，勾选"平面投影"复选框，"基准平面"选择"前"，设置"轮廓投影范围"为"0"，单击"确定"按钮，进入"面片草图"模式，结果如图 4-58 所示，单击"退出" 按钮，退出"面片草图"模式。

图 4-57

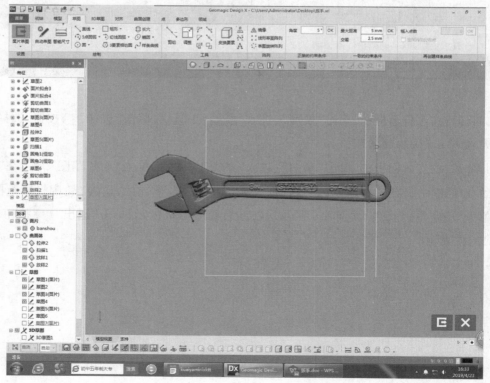

图 4-58

步骤33:在工具面板中,单击"模型",进入"模型"工具栏,单击"拉伸"📑按钮,轮廓选择"草图7"作为轮廓,"方法"选择"距离",设置"长度"为"20","反方向"设置"长度"为"20",如图4-59所示,单击"确定"✔️按钮。

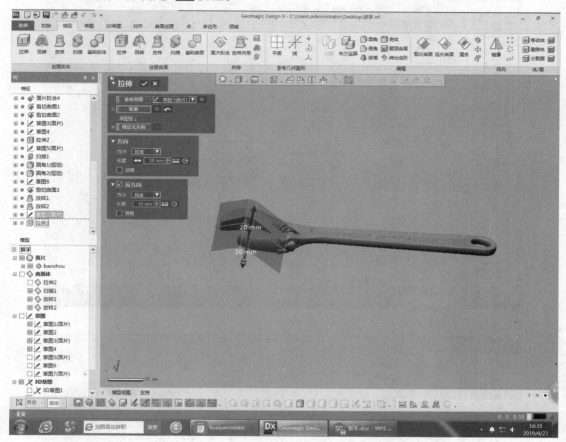

图 4-59

步骤34:在工具面板中,单击"菜单",选择"插入",再选择"曲面",然后单击"实体化",要素选择"拉伸3、放样1、放样2、扫描1",单击"确定"✔️按钮,结果如图4-60所示。

步骤35:在工具面板中,单击"草图",进入"草图工具栏",单击"草图",结果如图4-61所示,单击"退出"📑按钮,退出"草图"模式。

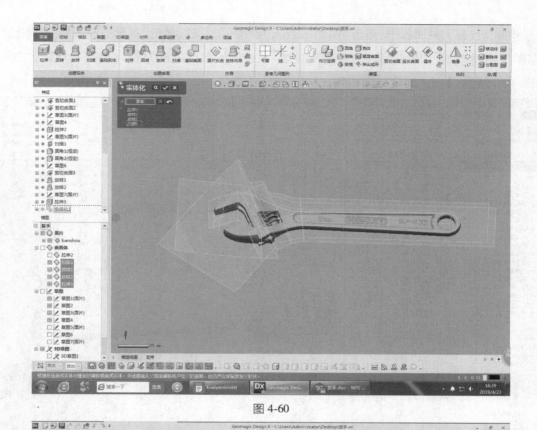

图 4-60

图 4-61

步骤 36：在工具面板中，单击"模型"，进入"模型"工具栏，单击"拉伸" 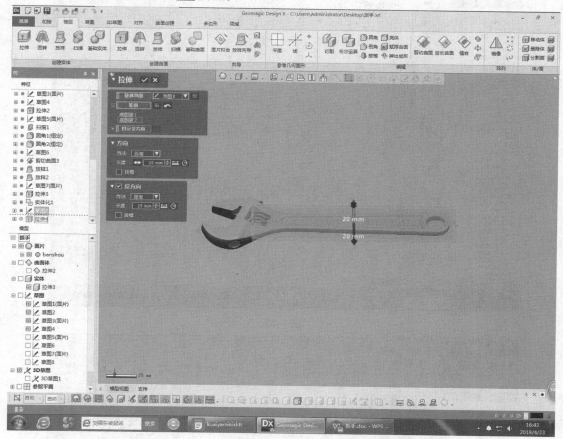 按钮，轮廓选择"草图 8"作为轮廓，"方法"选择"距离"，设置"长度"为"20"，"反方向"设置"长度"为"20"，如图 4-62 所示，单击"确定" ✔ 按钮。

图 4-62

步骤 37：在工具面板中，单击"菜单"，选择"插入"，再选择"曲面"，然后单击"反转法线方向"，曲面体选择"拉伸 4"，单击"确定" ✔ 按钮，结果如图 4-63 所示。

步骤 38：在工具面板中，单击"模型"，进入"模型"工具栏，单击"平面" ⊞ 按钮，要素选择"前"，偏移选项"距离"为"2.4"，单击"确定" ✔ 按钮，结果如图 4-64 所示。

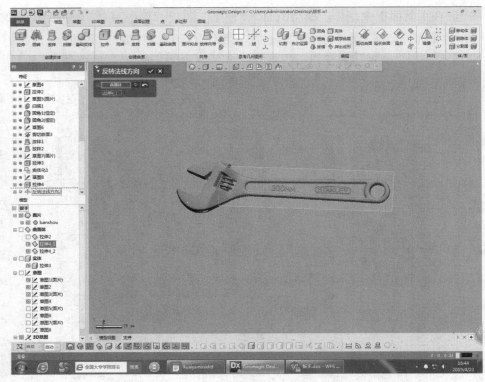

图 4-63

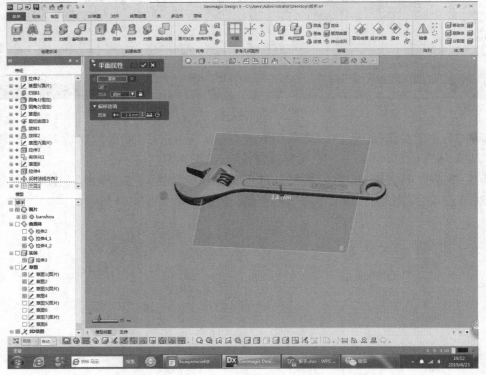

图 4-64

步骤 39：在工具面板中，单击"模型"，进入"模型"工具栏，单击"平面"⊞按钮，要素选择"前"，偏移选项"距离"为"−2.4"，单击"确定"✅按钮，结果如图 4-65 所示。

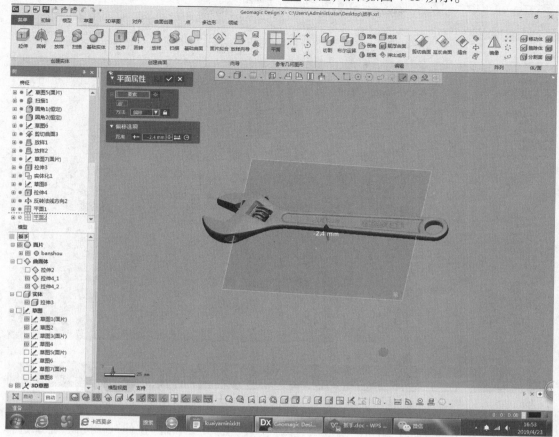

图 4-65

步骤 40：在工具面板中，单击"草图"，进入"草图工具栏"，单击"面片草图"，在"面片草图"的对话框中，勾选"平面投影"复选框，"基准平面"选择"前"，设置"轮廓投影范围"为"0"，单击"确定"✅按钮，进入"面片草图"模式，结果如图 4-66 所示，单击"退出"按钮，退出"面片草图"模式。

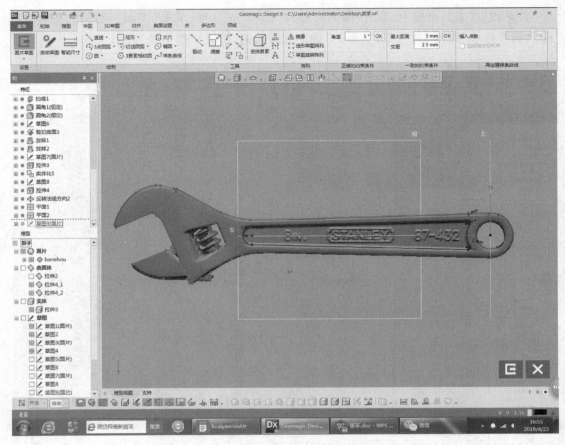

图 4-66

步骤 41：在工具面板中，单击"模型"，进入"模型"工具栏，单击"拉伸" 按钮，轮廓选择"草图 9"作为轮廓，"方法"选择"距离"，设置"长度"为"7.3"，勾选"拔模"，角度为"45°"；"反方向"设置"长度"为"2.5"，勾选"拔模"，角度为"45°"，如图 4-67 所示，单击"确定" 按钮。

步骤 42：在工具面板中，单击"草图"，进入"草图工具栏"，单击"面片草图" ，在"面片草图"的对话框中，勾选"平面投影"复选框，"基准平面"选择"前"，设置"轮廓投影范围"为"0"，单击"确定" 按钮，进入"面片草图"模式，结果如图 4-68 所示，单击"退出" 按钮，退出"面片草图"模式。

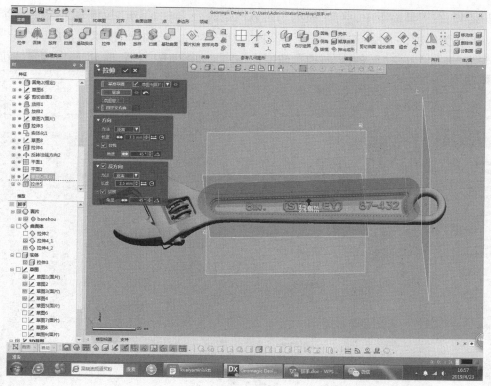

图 4-67

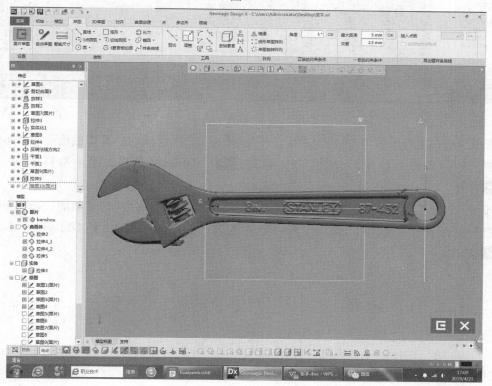

图 4-68

步骤 43:在工具面板中,单击"模型",进入"模型"工具栏,单击"拉伸" 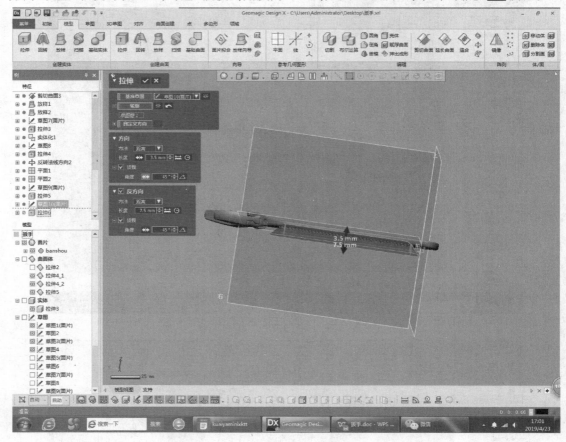按钮,轮廓选择
"草图 10"作为轮廓,"方法"选择"距离",设置"长度"为"3.5",勾选"拔模",角度为"45°";"反
方向"设置"长度"为"7.5",勾选"拔模",角度为"45°",如图 4-69 所示,单击"确定" 按钮。

图 4-69

步骤 44:在工具面板中,单击"模型",进入"模型"工具栏,单击"剪切曲面" 按钮,"工
具要素"选择"拉伸 4、拉伸 5",单击"下一阶段" ,"残留体"选择如图 4-70 所示,单击"确
定" 按钮。

步骤 45:在工具面板中,单击"模型",进入"模型"工具栏,单击"剪切曲面" 按钮,"工
具要素"选择"拉伸 4、拉伸 6",单击"下一阶段" ,"残留体"选择如图 4-71 所示,单击"确
定" 按钮。

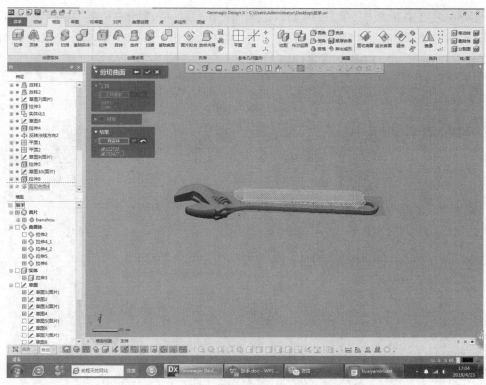

图 4-70

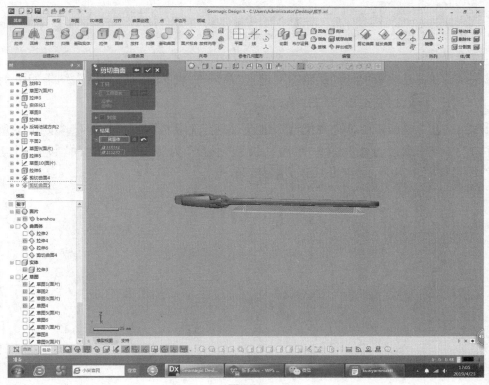

图 4-71

步骤 46:在工具面板中,单击"模型",进入"模型"工具栏,单击"切割" 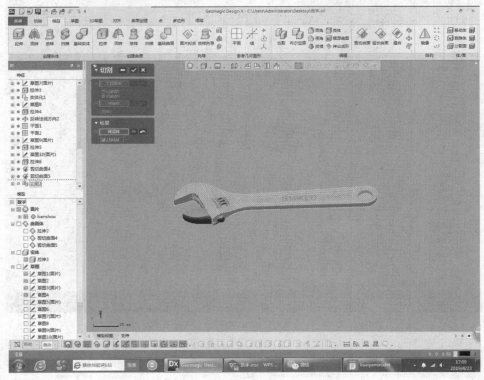 按钮,工具要素选择"剪切曲面 4,剪切曲面 5",对象体选择"拉伸 3",单击"下一阶段" 按钮,"残留体",结果如图 4-72 所示,单击"确定" 按钮。

图 4-72

步骤 47:在工具面板中,单击"草图",进入"草图工具栏";单击"草图",结果如图 4-73 所示;单击"退出" 按钮,退出"草图"模式。

步骤 48:在工具面板中,单击"模型",进入"模型"工具栏;单击"拉伸" 按钮,轮廓选择"草图 11"作为轮廓;"方法"选择"距离",设置"长度"为"8.6","反方向"设置"长度"为"7.5";结果如图 4-74 所示,单击"确定" 按钮。

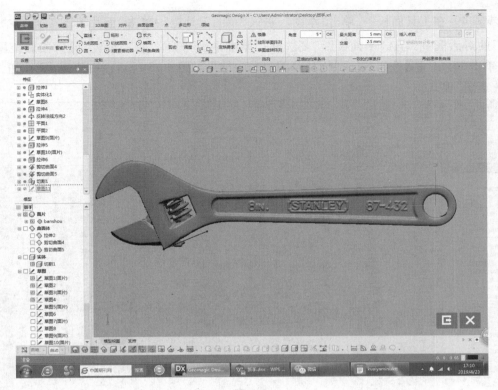

图 4-73

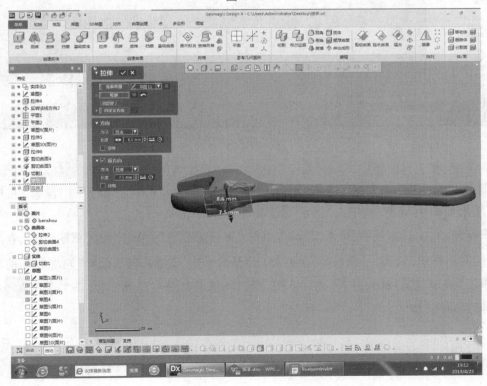

图 4-74

步骤49：在工具面板中，单击"草图"，进入"草图工具栏"；单击"面片草图" ✔，在"面片草图"的对话框中，勾选"平面投影"复选框；"基准平面"选择"前"，设置"轮廓投影范围"为"0"；单击"确定" ✔ 按钮，进入"面片草图"模式；结果如图 4-75 所示，单击"退出"按钮，退出"面片草图"模式。

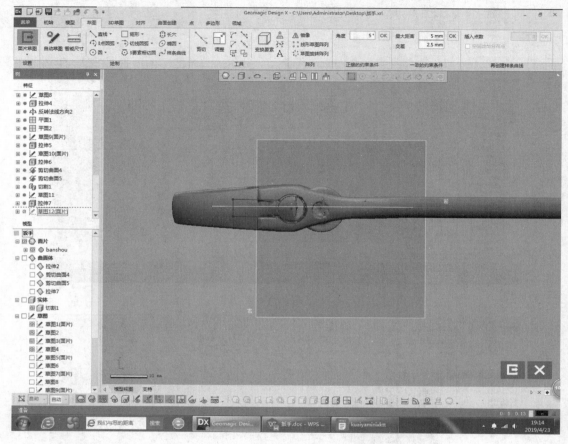

图 4-75

步骤50：在工具面板中，单击"模型"，进入"模型"工具栏；单击"拉伸" ⬆ 按钮，轮廓选择"草图12"作为轮廓。"方法"选择"距离"，设置"长度"为"8.6"，"反方向"设置"长度"为"80"，结果如图 4-76 所示，单击"确定" ✔ 按钮。

步骤51：在工具面板中，单击"草图"，进入"草图工具栏"；单击"面片草图" ✔，在"面片草图"的对话框中，勾选"平面投影"复选框。"基准平面"选择"前"，设置"轮廓投影范围"为"0"，单击"确定" ✔ 按钮，进入"面片草图"模式。结果如图 4-77 所示，单击"退出" 🔳 按钮，退出"面片草图"模式。

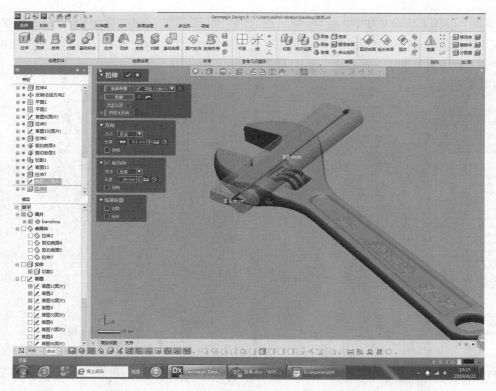

图 4-76

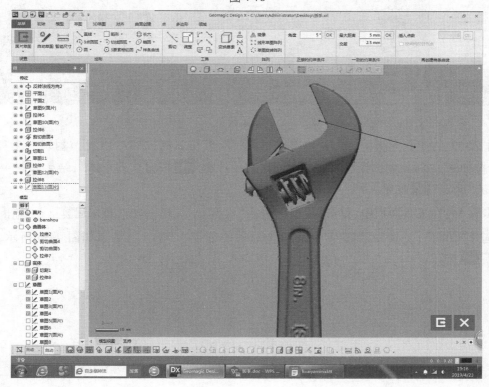

图 4-77

步骤 52：在工具面板中，单击"模型"，进入"模型"工具栏；单击"拉伸" 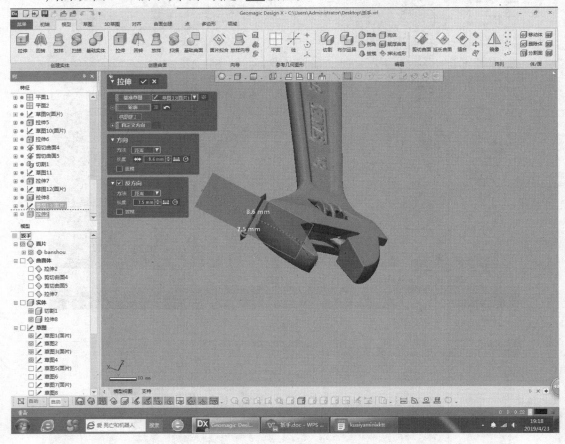 按钮，轮廓选择"草图 13"作为轮廓。"方法"选择"距离"，设置"长度"为"8.6"，"反方向"设置"长度"为"7.5"，结果如图 4-78 所示，单击"确定" 按钮。

图 4-78

步骤 53：在工具面板中，单击"模型"，进入"模型"工具栏；单击"切割" 按钮，工具要素选择"拉伸 9"。对象体选择"拉伸 8"，单击"下一阶段" 按钮，"残留体"，结果如图 4-79 所示，单击"确定" 按钮。

步骤 54：在工具面板中，单击"模型"，进入"模型"工具栏；单击"布尔运算" 按钮，操作方法选择"切割"；工具要素选择"切割 2"，对象体选择"切割 1"；结果如图 4-80 所示，单击"确定" 按钮。

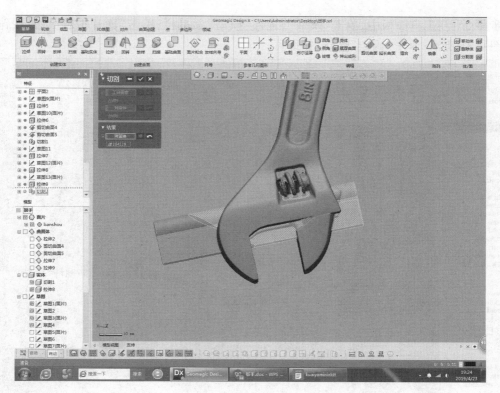

图 4-79

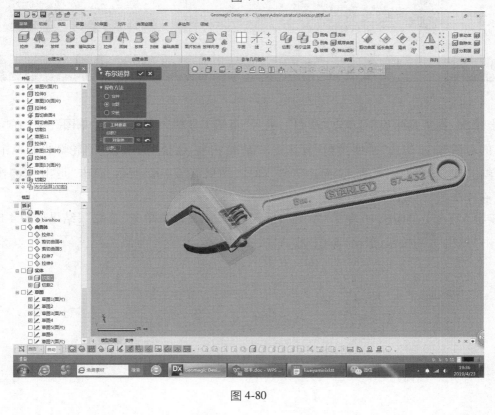

图 4-80

步骤 55：在工具面板中，单击"模型"，进入"模型"工具栏；单击"面片拟合" 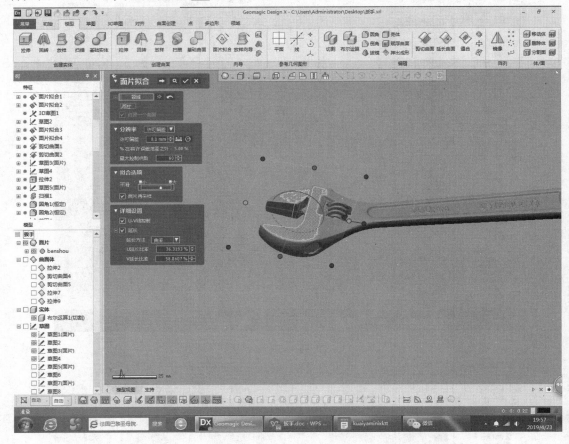 按钮，选择如图 4-81 所示；单击"确定" ✓ 按钮即可。

图 4-81

步骤 56：在工具面板中，单击"草图"，进入"草图工具栏"；单击"面片草图" ，在"面片草图"的对话框中，勾选"平面投影"复选框；"基准平面"选择"前"，设置"轮廓投影范围"为"0"；单击"确定" ✓ 按钮，进入"面片草图"模式，结果如图 4-82 所示；单击"退出" 按钮，退出"面片草图"模式。

步骤 57：在工具面板中，单击"草图"，进入"草图工具栏"；单击"草图"，结果如图 4-83 所示，单击"退出" 按钮，退出"草图"模式。

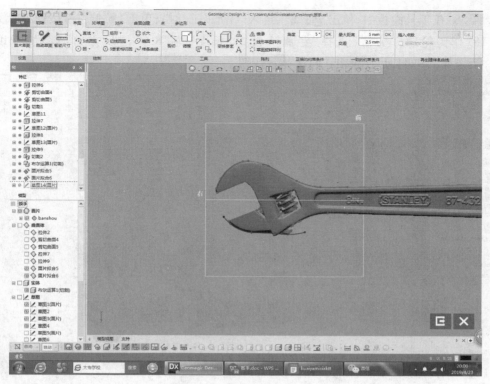

图 4-82

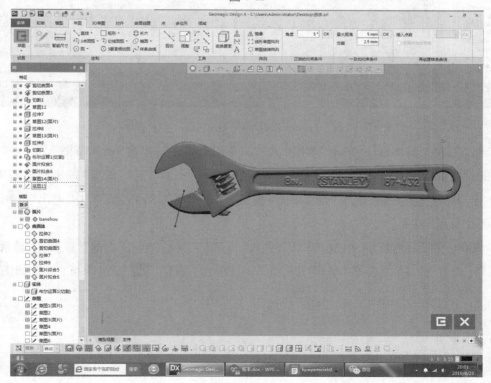

图 4-83

步骤58：在工具面板中，单击"模型"，进入"模型"工具栏；单击"拉伸" ![button] 按钮，轮廓选择"草图15"作为轮廓；"方法"选择"距离"，设置"长度"为"8.6"，"反方向"设置"长度"为"7.5"，结果如图4-84所示，单击"确定" ![button] 按钮。

图 4-84

步骤59：在工具面板中，单击"草图"，进入"草图工具栏"；单击"面片草图" ![button] ，在"面片草图"的对话框中，勾选"平面投影"复选框；"基准平面"选择"上"，设置"轮廓投影范围"为"0"；单击"确定" ![button] 按钮，进入"面片草图"模式，结果如图4-85所示；单击"退出" ![button] 按钮，退出"面片草图"模式。

步骤60：在工具面板中，单击"模型"，进入"模型"工具栏；单击"扫描" ![button] 按钮，轮廓选择"草图16（面片）"，路径选择"草图14（面片）"；单击"确定" ![button] 按钮即可，结果如图4-86所示。

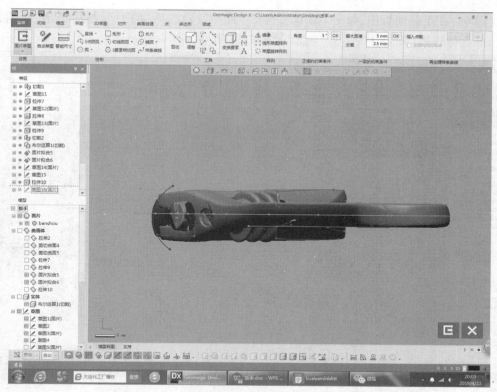

图 4-85

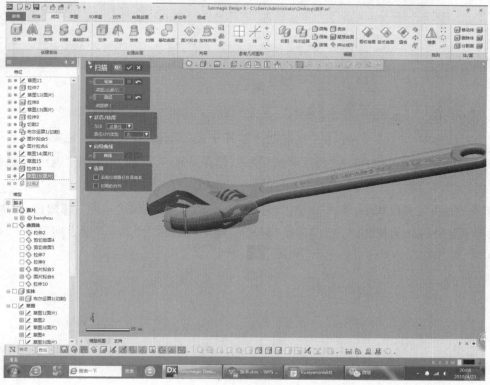

图 4-86

步骤 61：在工具面板中，单击"菜单"，选择"插入"；再选择"曲面"，然后单击"反转法线方向"，曲面体选择"扫描 2"；单击"确定" 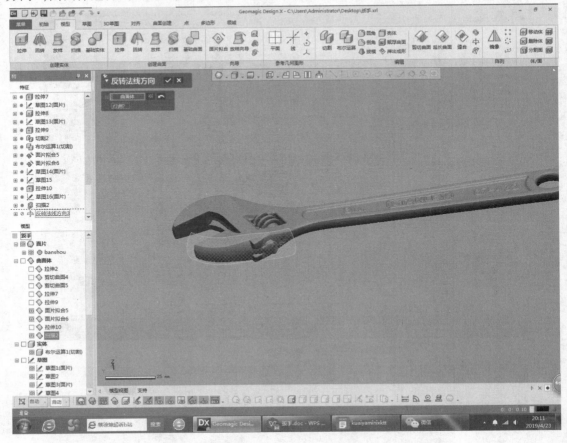 按钮，结果如图 4-87 所示。

图 4-87

步骤 62：在工具面板中，单击"草图"，进入"草图工具栏"；单击"面片草图" ，在"面片草图"的对话框中，勾选"平面投影"复选框；"基准平面"选择"上"，设置"轮廓投影范围"为"0"，单击"确定" 按钮，进入"面片草图"模式；结果如图 4-88 所示，单击"退出" 按钮，退出"面片草图"模式。

步骤 63：在工具面板中，单击"模型"，进入"模型"工具栏；单击"拉伸" 按钮，轮廓选择"草图 17（面片）"作为轮廓；"方法"选择"距离"，设置"长度"为"20"，"反方向"设置"长度"为"16.5"；结果如图 4-89 所示，单击"确定" 按钮。

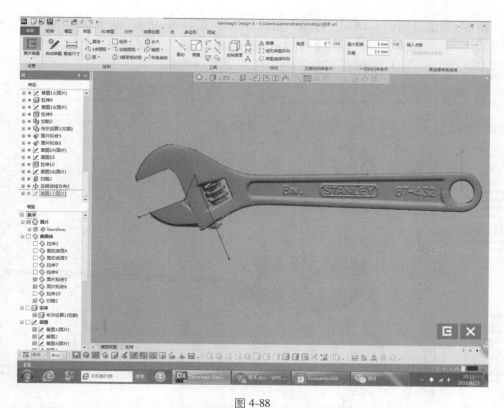

图 4-88

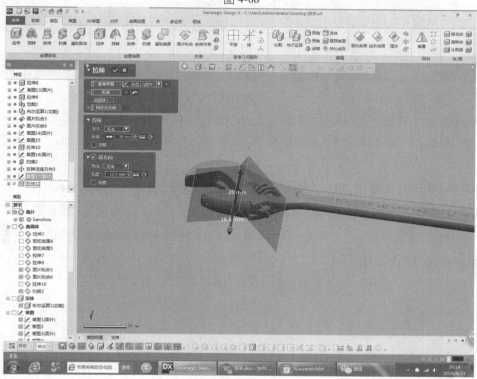

图 4-89

步骤 64：在工具面板中，单击"模型"，进入"模型"工具栏；单击"曲面偏移" 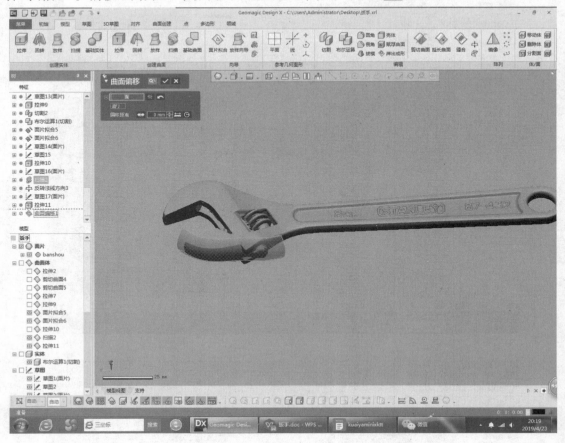 按钮，面选择"扫描 2"。偏移距离为"0"，结果如图 4-90 所示，单击"确定" ✓ 按钮。

图 4-90

步骤 65：在工具面板中，单击"菜单"，选择"插入"；再选择"曲面"，然后单击"实体化"；要素选择"拉伸 11、面片拟合 5、面片拟合 6、扫描 2"，单击"确定" ✓ 按钮，结果如图 4-91 所示。

步骤 66：在工具面板中，单击"草图"，进入"草图工具栏"；单击"面片草图" ✓，在"面片草图"的对话框中，勾选"平面投影"复选框；"基准平面"选择"右"，设置"轮廓投影范围"为"0"；单击"确定" ✓ 按钮，进入"面片草图"模式，结果如图 4-92 所示；单击"退出" 按钮，退出"面片草图"模式。

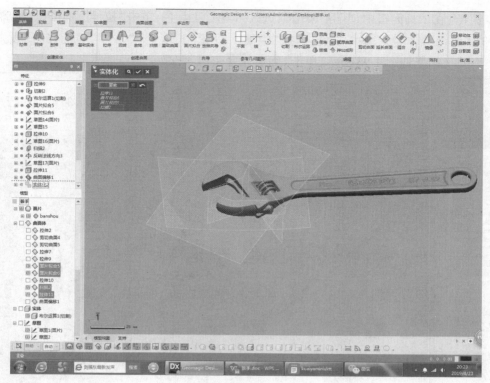

图 4-91

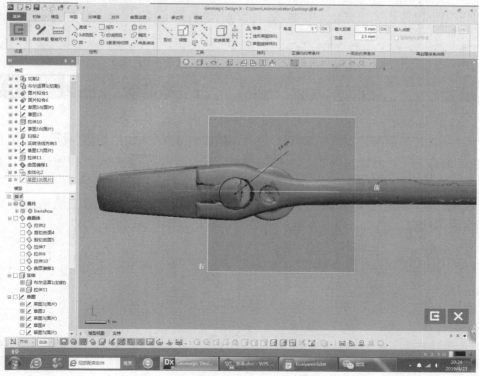

图 4-92

步骤67：在工具面板中，单击"模型"，进入"模型"工具栏；单击"拉伸" 按钮，轮廓选择"草图18（面片）"作为轮廓；"方法"选择"距离"，设置"长度"为"29.5"，"反方向"设置"长度"为"7.65"；结果如图4-93所示，单击"确定" 按钮。

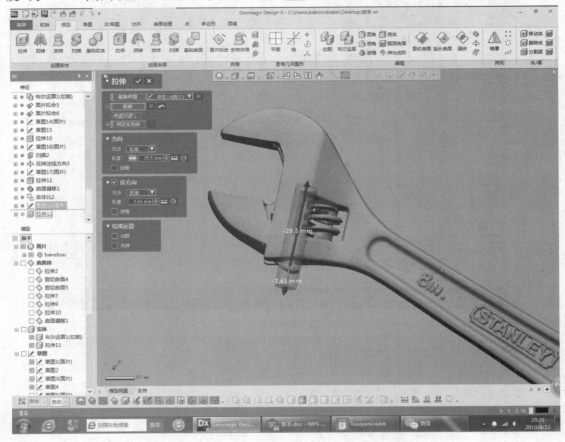

图 4-93

步骤68：在工具面板中，单击"模型"，进入"模型"工具栏；单击"切割" 按钮，工具要素选择"曲面偏移1"，对象体选择"拉伸12"；单击"下一阶段" 按钮，"残留体"，结果如图4-94所示，单击"确定" 按钮。

步骤69：在工具面板中，单击"草图"，进入"草图工具栏"；单击"草图"；结果如图4-95所示，单击"退出" 按钮，退出"草图"模式。

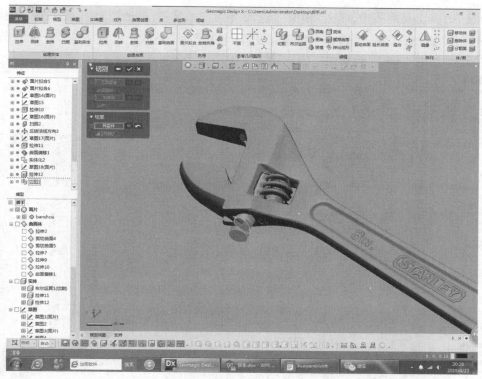

图 4-94

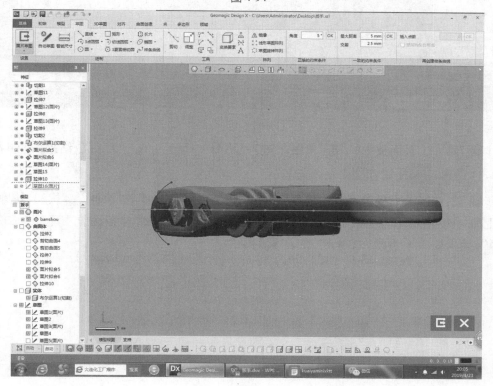

图 4-95

步骤 70：在工具面板中，单击"模型"，进入"模型"工具栏；单击"拉伸" 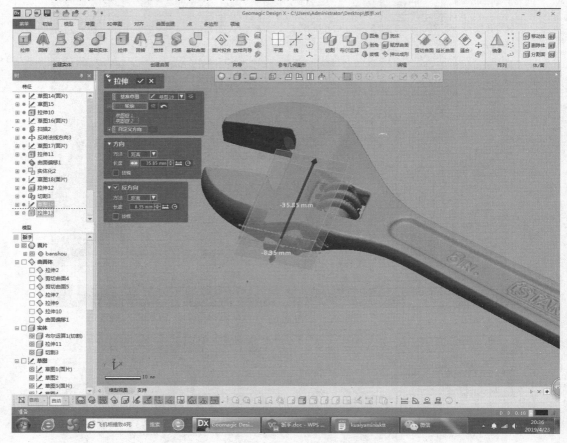按钮，轮廓选择"草图 19"作为轮廓；"方法"选择"距离"；设置"长度"为"35.85"；"反方向"设置"长度"为"8.35"；结果如图 4-96 所示，单击"确定" 按钮。

图 4-96

步骤 71：在工具面板中，单击"草图"，进入"草图工具栏"；单击"草图"；结果如图 4-97 所示，单击"退出" 按钮，退出"草图"模式。

步骤 72：在工具面板中，单击"模型"，进入"模型"工具栏；单击"拉伸" 按钮，轮廓选择"草图 20"作为轮廓；"方法"选择"距离"；设置"长度"为"12"，"反方向"设置"长度"为"7.65"；结果如图 4-98 所示，单击"确定" 按钮。

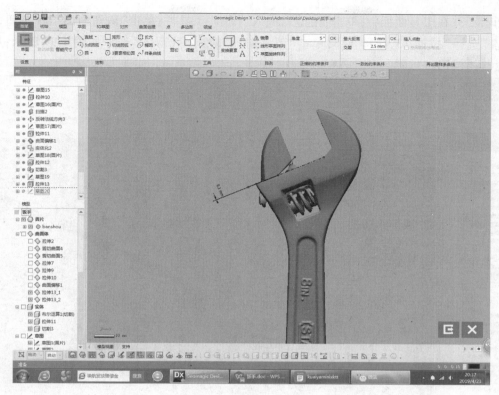

图 4-97

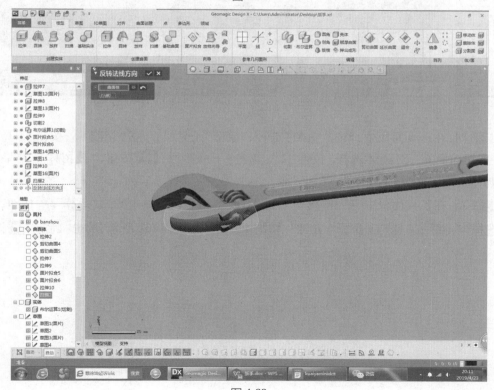

图 4-98

步骤73：在工具面板中，单击"模型"，进入"模型"工具栏；单击"剪切曲面" 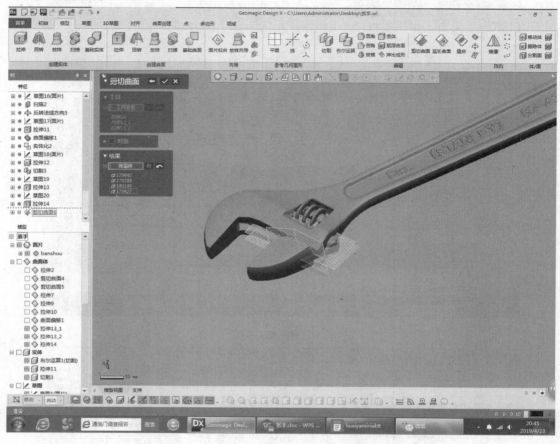 按钮，"工具要素"选择"拉伸13、拉伸14"；单击"下一阶段" ✓，"残留体"选择如图4-99所示；单击"确定" ✓ 按钮。

图 4-99

步骤74：在工具面板中，单击"模型"，进入"模型"工具栏；单击"切割" 按钮，工具要素选择"剪切曲面6"；对象体选择"拉伸11"；单击"下一阶段" ➡ 按钮，"残留体"，结果如图4-100所示，单击"确定" ✓ 按钮。

步骤75：在工具面板中，单击"模型"，进入"模型"工具栏；单击"布尔运算" 按钮，操作方法选择"合并"；工具要素选择"切割3、切割4"；结果如图4-101所示，单击"确定" ✓ 按钮。

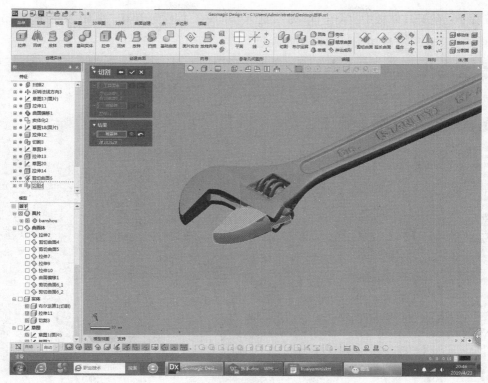

图 4-100

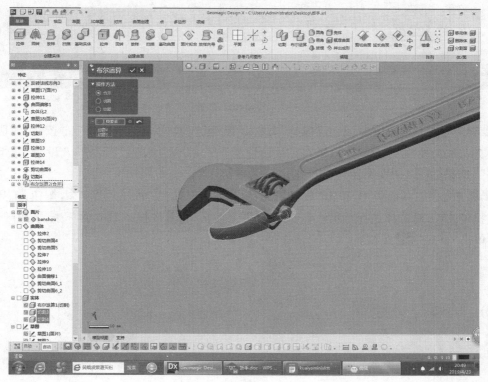

图 4-101

步骤 76：在工具面板中，单击"草图"，进入"草图工具栏"；单击"草图"；结果如图 4-102 所示，单击"退出" ➡ 按钮，退出"草图"模式。

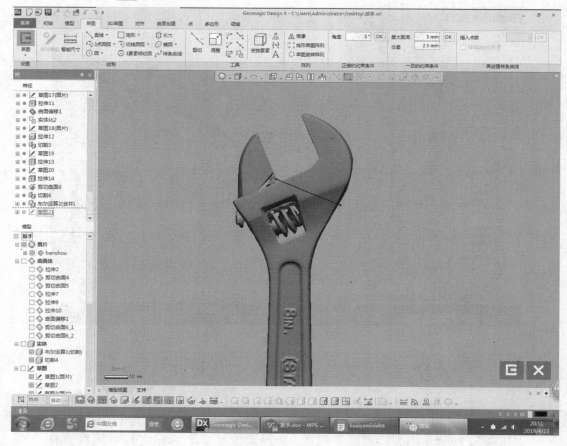

图 4-102

步骤 77：在工具面板中，单击"模型"，进入"模型"工具栏；单击"拉伸" 按钮，轮廓选择"草图 21"作为轮廓；"方法"选择"距离"；设置"长度"为"12"；"反方向"设置"长度"为"7.65"；结果如图 4-103 所示，单击"确定" 按钮。

步骤 78：在工具面板中，单击"模型"，进入"模型"工具栏；单击"切割" 按钮，工具要素选择"拉伸 15"；对象体选择"切割 4"；单击"下一阶段" ➡ 按钮，"残留体"，结果如图 4-104 所示，单击"确定" 按钮。

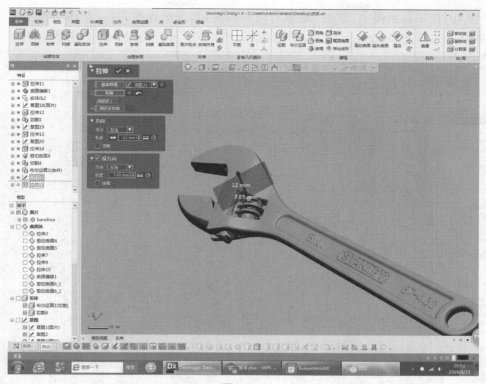

图 4-103

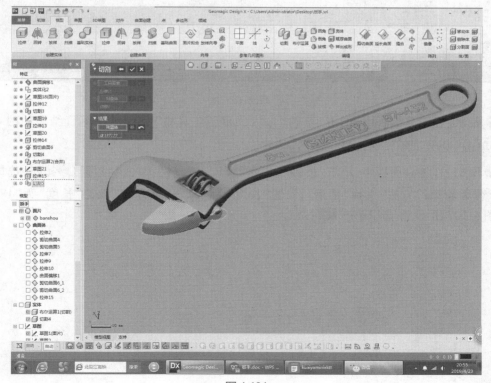

图 4-104

步骤 79：在工具面板中，单击"菜单"，选择插入；再选择建模特征；单击"删除面"，选择"删除和修正"；面选择"面 1、面 2、面 3"，结果如图 4-105 所示，单击"确定" ✅ 按钮。

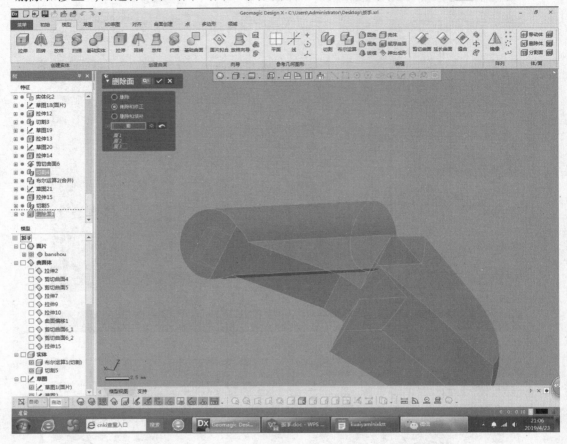

图 4-105

步骤 80：在工具面板中，单击"草图"，进入"草图工具栏"；单击"草图"，结果如图 4-106 所示；单击"退出" 按钮，退出"草图"模式。

步骤 81：在工具面板中，单击"模型"，进入"模型"工具栏；单击"拉伸" 按钮，选择"草图 22"作为轮廓；"方法"选择"距离"；设置"长度"为"10"；"反方向"设置"长度"为"18"，结果如图 4-107 所示，单击"确定" ✅ 按钮。

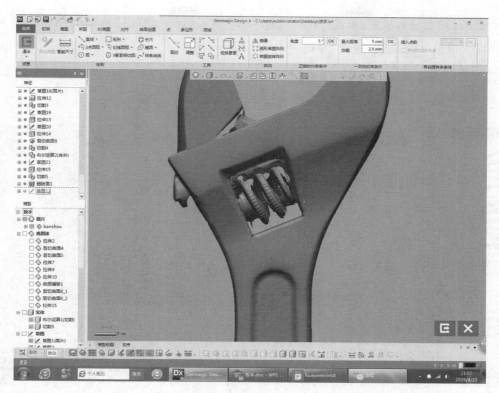

图 4-106

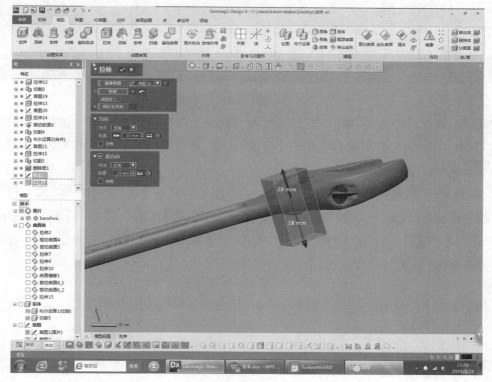

图 4-107

步骤 82：在工具面板中，单击"草图"，进入"草图工具栏"；单击"草图"，结果如图 4-108 所示；单击"退出" 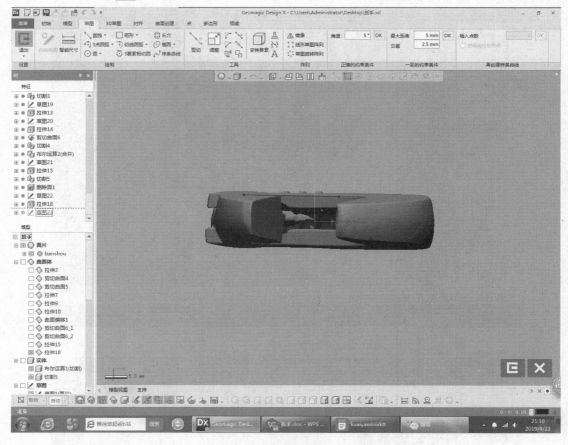 按钮，退出"草图"模式。

图 4-108

步骤 83：在工具面板中，单击"模型"，进入"模型"工具栏；单击"拉伸"按钮，轮廓选择"草图 23"作为轮廓；"方法"选择"距离"；设置"长度"为"177.5"，结果如图 4-109 所示，单击"确定"按钮。

步骤 84：在工具面板中，单击"草图"，进入"草图工具栏"；单击"面片草图"，在"面片草图"的对话框中，勾选"平面投影"复选框，"基准平面"选择"前"，设置"轮廓投影范围"为"0"；单击"确定"按钮，进入"面片草图"模式，结果如图 4-110 所示；单击"退出"按钮，退出"面片草图"模式。

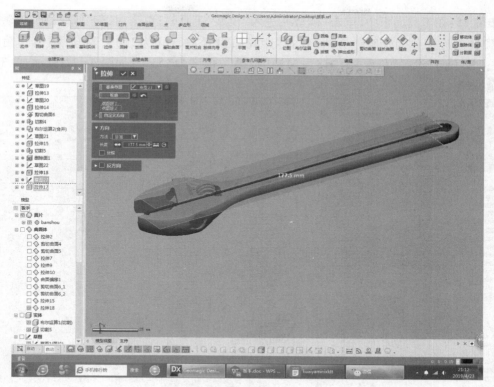

图 4-109

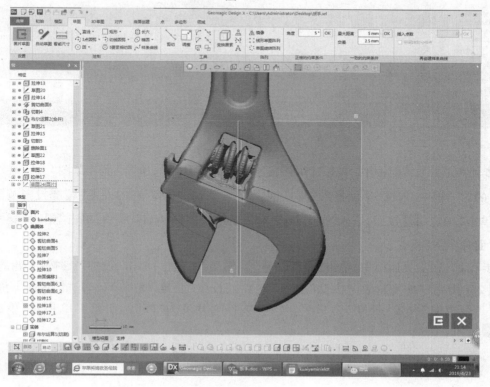

图 4-110

步骤 85：在工具面板中，单击"模型"，进入"模型"工具栏；单击"拉伸" 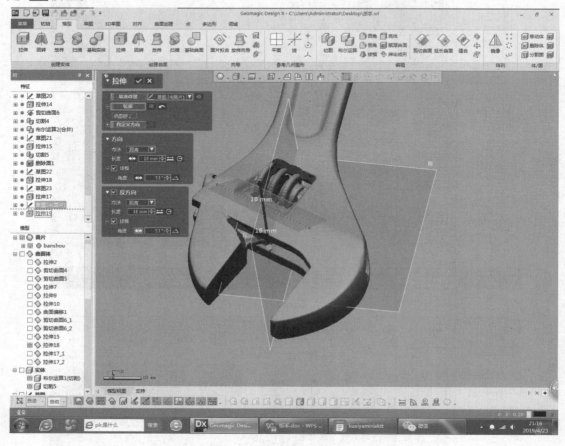 按钮，轮廓选择"草图 24（面片）"作为轮廓；"方法"选择"距离"；设置"长度"为"10"；勾选"拔模"，角度为"53°"；"反方向"设置"长度"为"18"；勾选"拔模"，角度为"53°"；如图 4-111 所示，单击"确定" 按钮。

图 4-111

步骤 86：在工具面板中，单击"草图"，进入"草图工具栏"；单击"面片草图" ，在"面片草图"的对话框中，勾选"平面投影"复选框；"基准平面"选择"前"，设置"轮廓投影范围"为"0"；单击"确定" 按钮，进入"面片草图"模式；结果如图 4-112 所示，单击"退出" 按钮退出"面片草图"模式。

步骤 87：在工具面板中，单击"模型"，进入"模型"工具栏；单击"拉伸" 按钮，轮廓选择"草图 25（面片）"作为轮廓，"方法"选择"距离"，设置"长度"为"10"，勾选"拔模"，角度为"53°"，"反方向"设置"长度"为"18"，勾选"拔模"，角度为"53°"，如图 4-13 所示，单击"确定" 按钮。

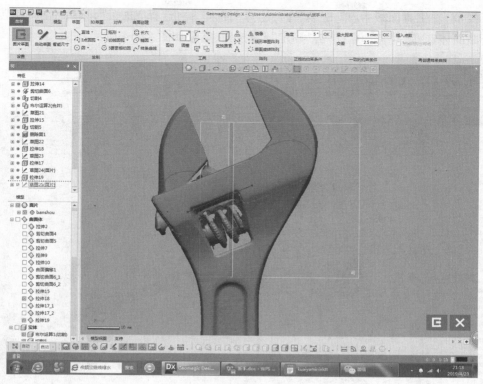

图 4-112

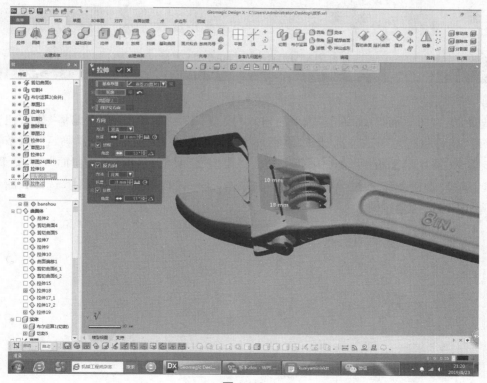

图 4-113

步骤88:在工具面板中,单击"菜单",选择"插入";再选择"曲面",然后单击"反转法线方向",曲面体选择"拉伸20";单击"确定" ✅ 按钮,结果如图4-114所示。

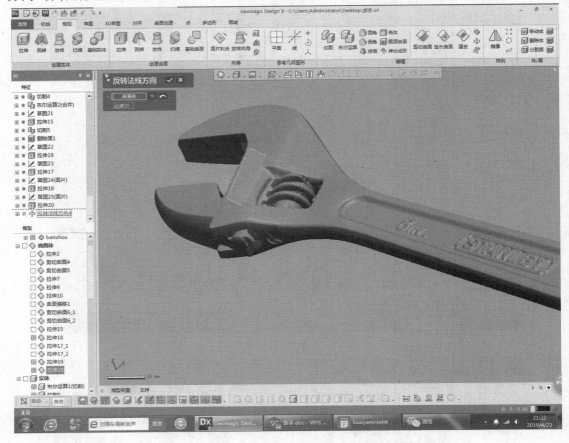

图4-114

步骤89:在工具面板中,单击"模型";进入"模型"工具栏;单击"曲面偏移" 🔵 按钮,面选择"面1",偏移距离为"0",勾选"删除原始面";结果如图4-115所示,单击"确定" ✅ 按钮。

步骤90:在工具面板中,单击"模型",进入"模型"工具栏;单击"剪切曲面" 🔷 按钮,"工具要素"选择"曲面偏移2、拉伸20、拉伸19";单击"下一阶段" ➡️ ,"残留体"选择如图4-116所示;单击"确定" ✅ 按钮。

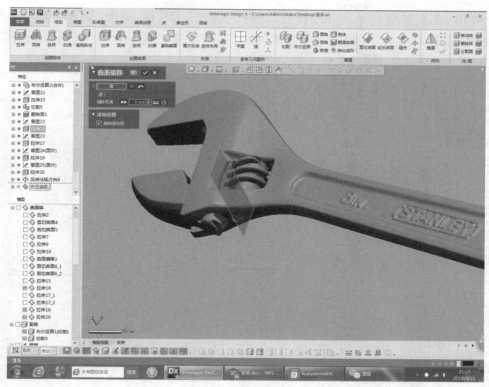

图 4-115

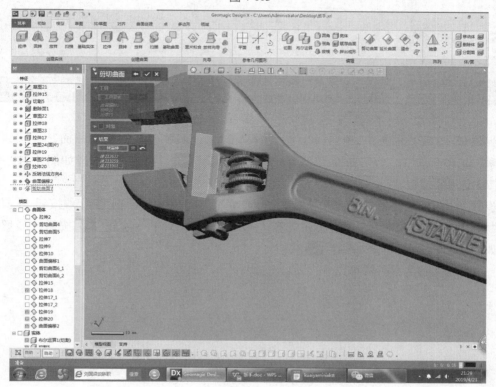

图 4-116

步骤 91：在工具面板中，单击"模型"，进入"模型"工具栏；单击"延长曲面" 按钮，边/面选择"边线 1、边线 2"；终止条件选择"距离"为 5.5，延长方法选择"同曲面"；结果如图 4-117 所示，单击"确定" 按钮。

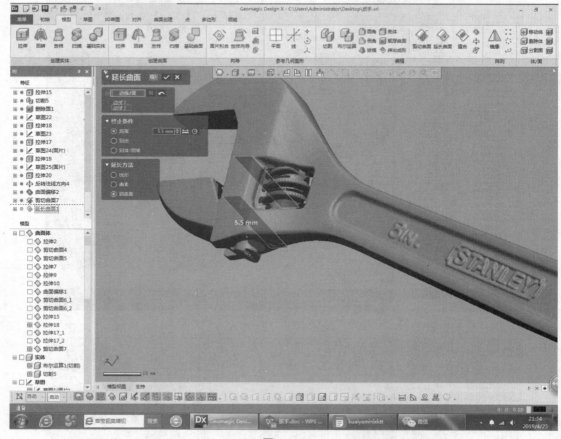

图 4-117

步骤 92：在工具面板中，单击"模型"，进入"模型"工具栏；单击"剪切曲面" 按钮，"工具要素"选择"拉伸 18、剪切曲面 17"；单击"下一阶段" ，"残留体"选择如图 4-118 所示；单击"确定" 按钮。

步骤 93：在工具面板中，单击"模型"，进入"模型"工具栏；单击"切割" 按钮，工具要素选择"剪切曲面 8"，对象体选择"布尔运算 1（切割）"；单击"下一阶段" 按钮，"残留体"，结果如图 4-119 所示；单击"确定" 按钮。

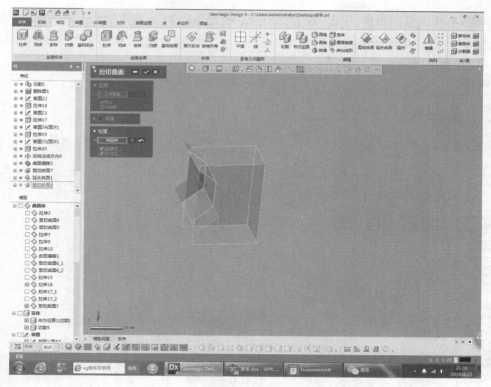

图 4-118

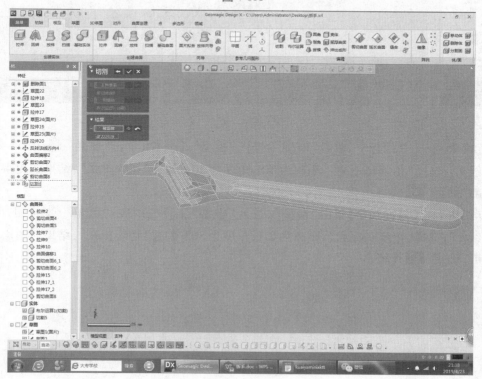

图 4-119

步骤 94：在工具面板中，单击"模型"，进入"模型"工具栏；单击"倒角" 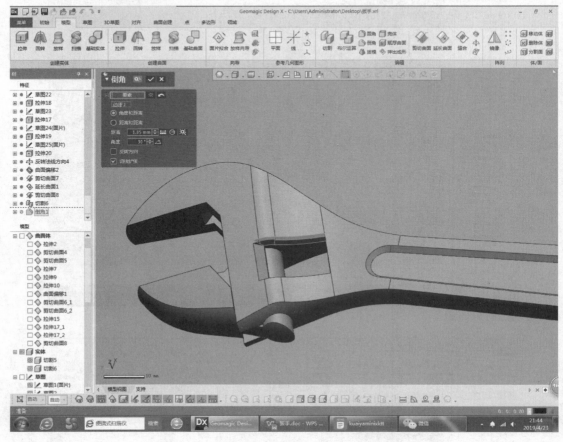 按钮，要素选择"边线 1"；选择"角度和距离"，距离为 1.85，角度为 30°；勾选"切线扩张"，结果如图 4-120 所示，单击"确定" 按钮。

图 4-120

步骤 95：在工具面板中，单击"模型"，进入"模型"工具栏；单击"倒角" 按钮，要素选择"边线 1"；选择"角度和距离"，距离为 1.8，角度为 30°；勾选"切线扩张"，结果如图 4-121 所示，单击"确定" 按钮。

步骤 96：在工具面板中，单击"模型"，进入"模型"工具栏；单击"倒角" 按钮，要素选择"边线 1"；选择"角度和距离"，距离为 2.1，角度为 30°；勾选"切线扩张"，结果如图 4-122 所示；单击"确定" 按钮。

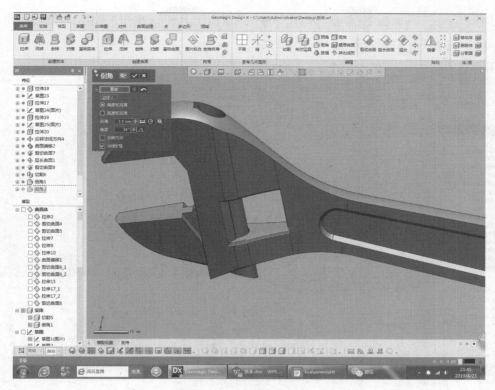

图 4-121

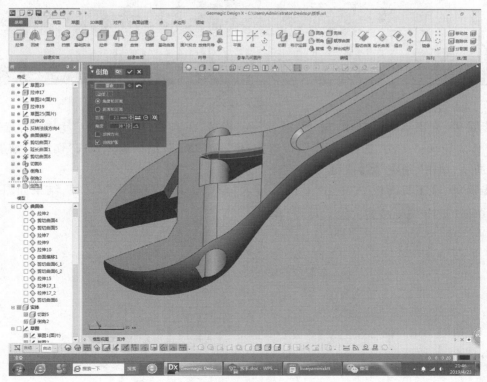

图 4-122

步骤 97：在工具面板中；单击"草图"，进入"草图工具栏"；单击"草图"，结果如图 4-123 所示；单击"退出" 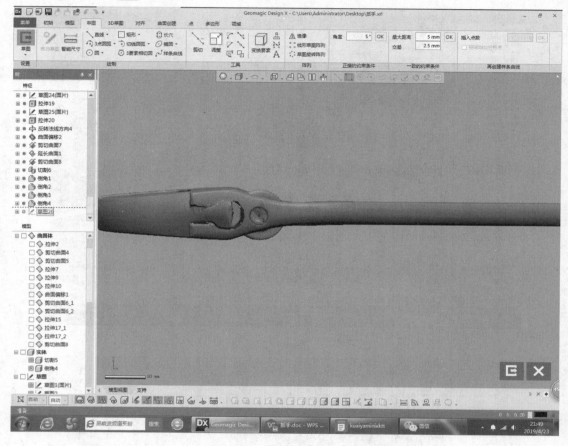 按钮，退出"草图"模式。

图 4-123

步骤 98：在工具面板中，单击"模型"，进入"模型"工具栏；单击"拉伸" 按钮，选择"草图 26"作为轮廓；"方法"选择"距离"，设置"长度"为"28.3"；结果运算勾选"切割"，结果如图 4-124 所示，单击"确定" 按钮。

步骤 99：在工具面板中，单击"草图"，进入"草图工具栏"；单击"草图"，结果如图 4-125 所示；单击"退出" 按钮，退出"草图"模式。

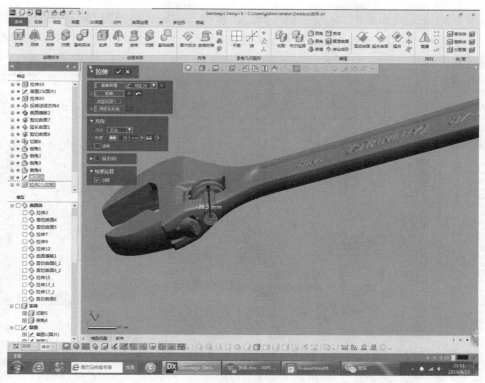

图 4-124

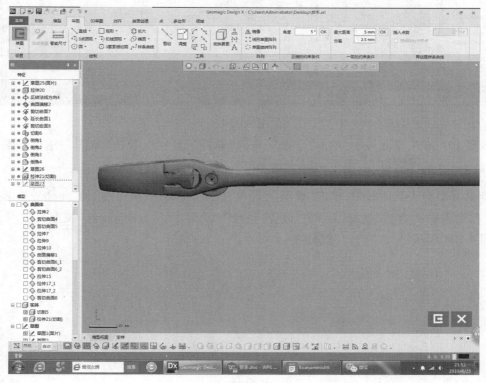

图 4-125

步骤 100：在工具面板中，单击"模型"，进入"模型"工具栏；单击"拉伸" 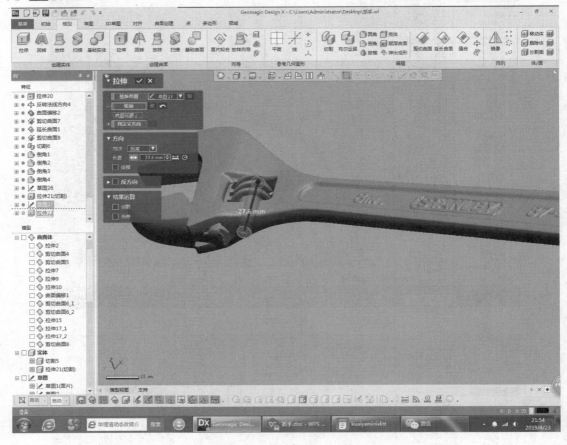 按钮，选择"草图 27"作为轮廓；"方法"选择"距离"，设置"长度"为"27.6"；结果如图 4-126 所示；单击"确定" 按钮。

图 4-126

步骤 101：在工具面板中，单击"草图"，进入"草图工具栏"；单击"草图"，结果如图 4-127 所示；单击"退出" 按钮，退出"草图"模式。

步骤 102：在工具面板中，单击"模型"，进入"模型"工具栏；单击"拉伸" 按钮，选择"草图 28"作为轮廓；"方法"选择"距离"，设置"长度"为"5"；"反方向"设置"长度"为"5.5"，结果如图 4-128 所示；单击"确定" 按钮。

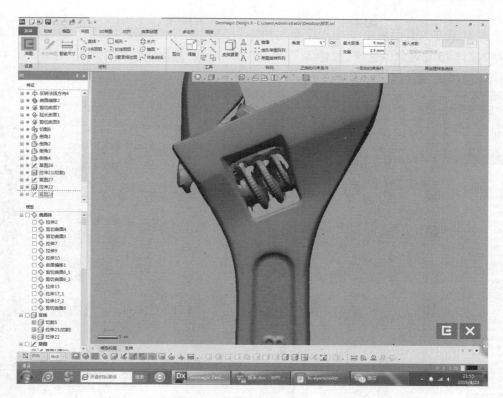

图 4-127

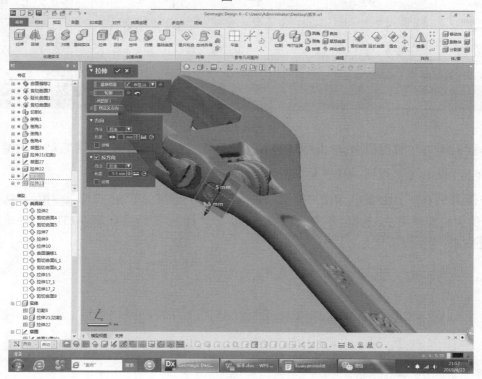

图 4-128

步骤 103：在工具面板中，单击"模型"，进入"模型"工具栏；单击"切割"  按钮，工具要素选择"拉伸 23"，对象体选择"拉伸 22"；单击"下一阶段" ➡ 按钮，"残留体"结果如图 4-129 所示；单击"确定" ✔ 按钮。

图 4-129

步骤 104：在工具面板中，单击"草图"，进入"草图工具栏"；单击"草图"，结果如图 4-130 所示；单击"退出" 按钮，退出"草图"模式。

步骤 105：在工具面板中，单击"模型"，进入"模型"工具栏；单击"拉伸" 按钮，选择"草图 29"作为轮廓；"方法"选择"距离"，设置"长度"为"18.85"，结果如图 4-131 所示；单击"确定" ✔ 按钮。

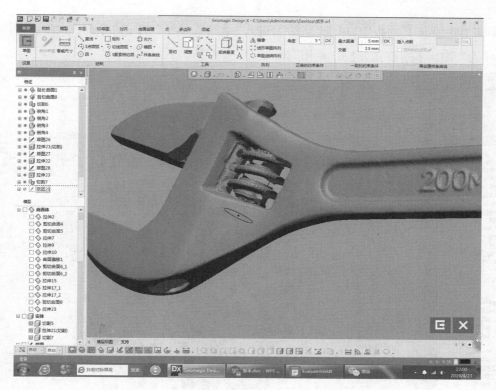

图 4-130

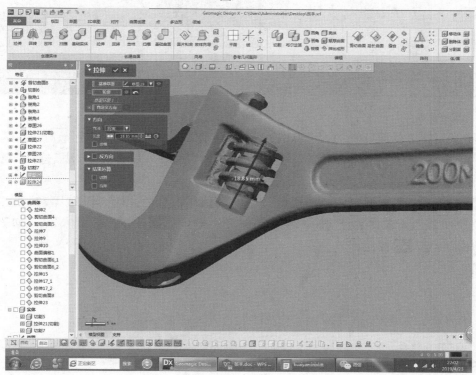

图 4-131

步骤 106：在工具面板中，单击"草图"，进入"草图工具栏"；单击"草图"，结果如图 4-132 所示；单击"退出" 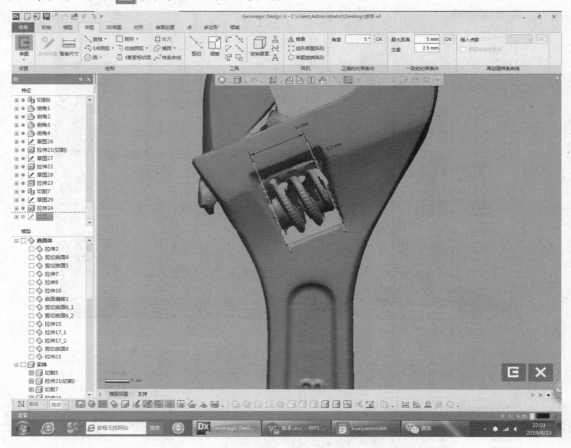 按钮，退出"草图"模式。

图 4-132

步骤 107：在工具面板中，单击"模型"，进入"模型"工具栏；单击"拉伸" 按钮，选择"草图 29"作为轮廓；"方法"选择"距离"，设置"长度"为"18.85"；反方向"方法"选择"距离"为 10.75，结果如图 4-133 所示；单击"确定" 按钮。

步骤 108：在工具面板中，单击"模型"，进入"模型"工具栏；单击"切割" 按钮，工具要素选择"拉伸 25"，对象体选择"拉伸 24"；单击"下一阶段" 按钮，"残留体"结果如图 4-134 所示；单击"确定" 按钮。

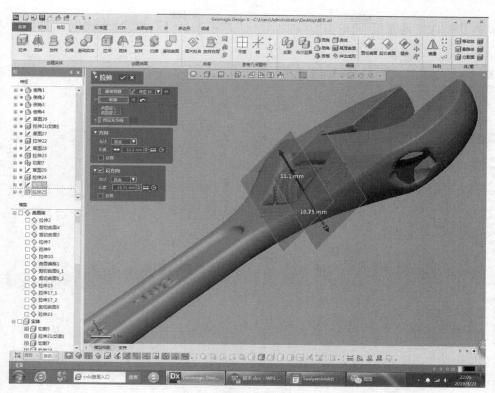

图 4-133

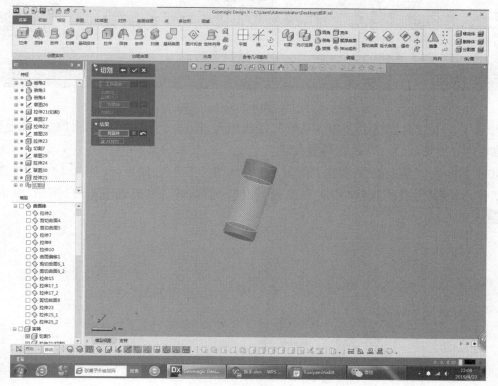

图 4-134

步骤 109：在工具面板中，单击"草图"，进入"草图工具栏"；单击"草图"，结果如图 4-135 所示；单击"退出" 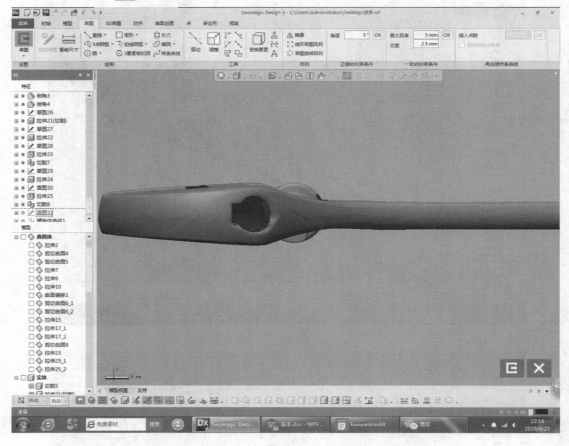 按钮，退出"草图"模式。

图 4-135

步骤 110：在工具面板中，单击"菜单"，选择插入，再选择建模特征；单击"螺旋体曲线"，创建如图 4-136 所示；单击"确定" 按钮。

步骤 111：在工具面板中，单击"模型"，进入"模型"工具栏；单击"拉伸" 按钮，选择"草图 31"作为轮廓；"方法"选择"距离"，设置"长度"为"4.65"，结果如图 4-137 所示；单击"确定" 按钮。

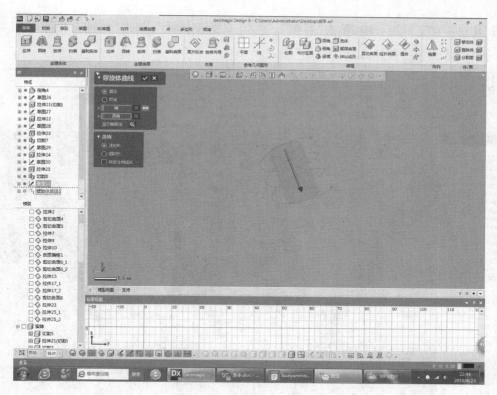

图 4-136

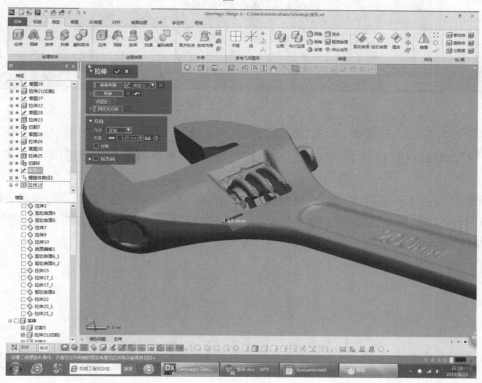

图 4-137

步骤 112:在工具面板中,单击"草图",进入"草图工具栏";单击"草图",结果如图 4-138 所示;单击"退出" 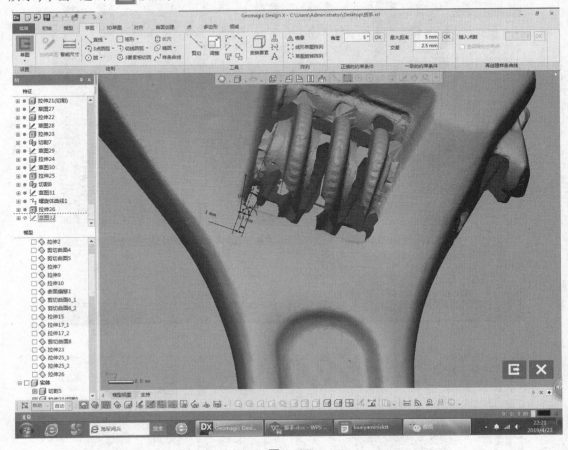 按钮,退出"草图"模式。

图 4-138

步骤 113:在工具面板中,单击"模型",进入"模型"工具栏;单击"扫描" 按钮,选择 "草图 32",路径选择"边线 1",方法选择"沿路径";单击"确定" 按钮即可,结果如图 4-139 所示。

步骤 114:在工具面板中,单击"模型",进入"模型"工具栏;单击"切割" 按钮,工具要 素选择"拉伸 25",对象体选择"扫描 3";单击"下一阶段" 按钮,"残留体"结果如图 4-140 所示;单击"确定" 按钮。

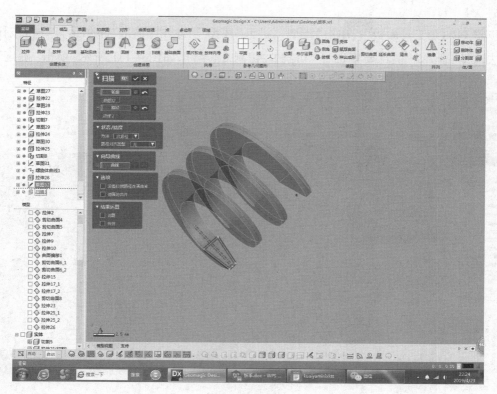

图 4-139

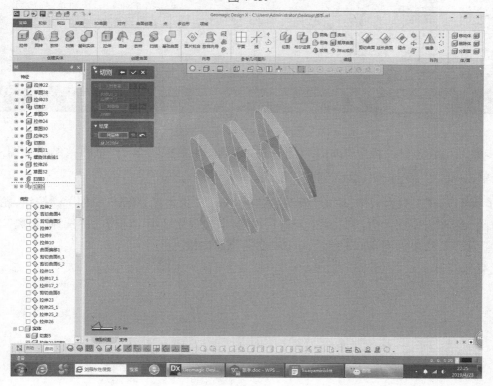

图 4-140

步骤 115：在工具面板中，单击"模型"，进入"模型"工具栏；单击"布尔运算" 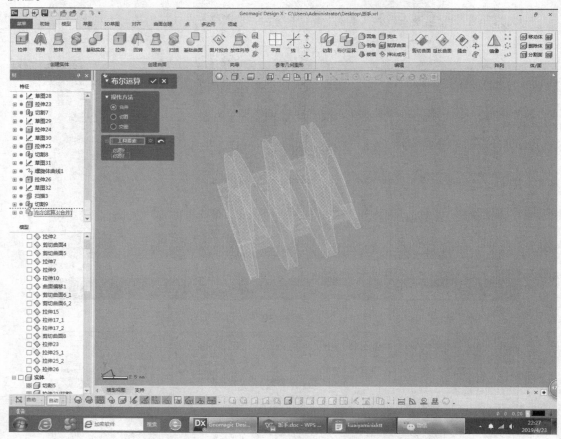 按钮，操作方法选择"合并"；工具要素选择"切割 9、切割 8"，结果如图 4-141 所示；单击"确定" ✔ 按钮。

图 4-141

步骤 116：在工具面板中，单击"草图"，进入"草图工具栏"；单击"草图"，结果如图 4-142 所示；单击"退出" ➡ 按钮，退出"草图"模式。

步骤 117：在工具面板中，单击"模型"，进入"模型"工具栏；单击"拉伸" 按钮，轮廓选择"草图 33"作为轮廓；"方法"选择"距离"；设置"长度"为"8.4"、"反方法"选择"距离"、设置"长度"为"9"，结果如图 4-143 所示；单击"确定" ✔ 按钮。

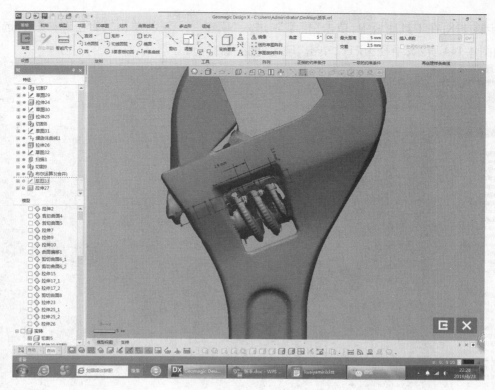

图 4-142

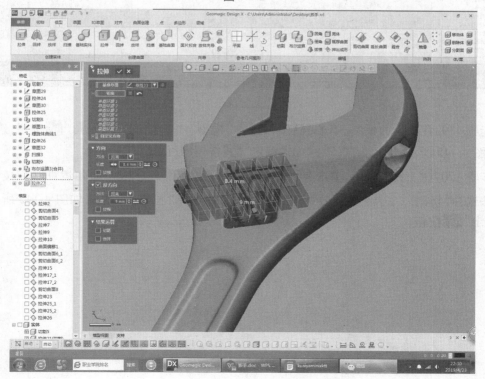

图 4-143

步骤118:在工具面板中,单击"模型",进入"模型"工具栏;单击"圆角"⬜按钮,选择边线,如图4-144所示;半径为"1",单击"确定"✅按钮即可。

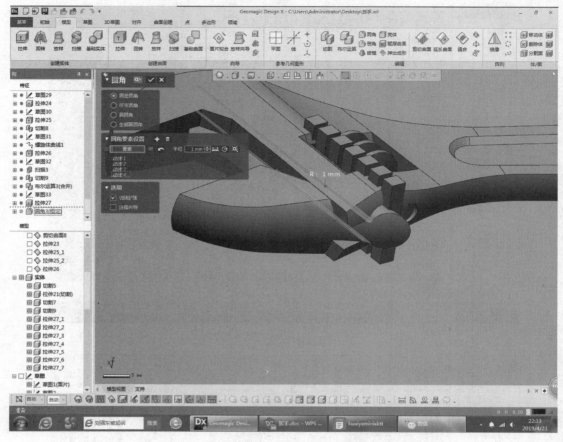

图 4-144

步骤119:在工具面板中,单击"模型",进入"模型"工具栏;单击"圆角"⬜按钮,选择边线,如图4-145所示;半径为"0.5",单击"确定"✅按钮即可。

步骤120:在工具面板中,单击"模型",进入"模型"工具栏;单击"布尔运算"⬜按钮,操作方法选择"切割"、工具要素选择"拉伸27"、对象体选择"圆角4",结果如图4-146所示;单击"确定"✅按钮。

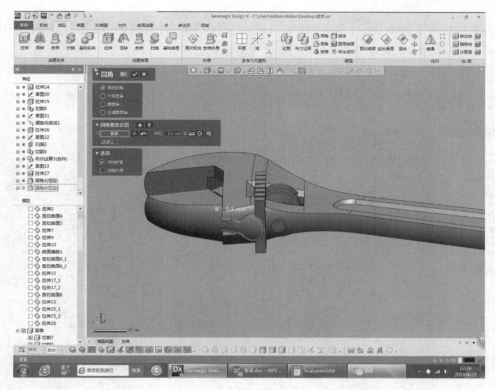

图 4-145

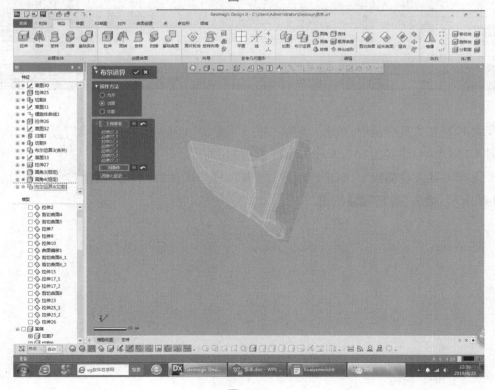

图 4-146

步骤 121：在工具面板中，单击"模型"，进入"模型"工具栏；单击"圆角" 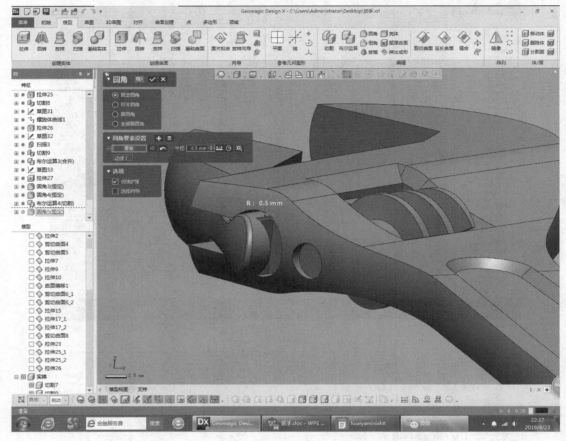 按钮，选择边线如图 4-147 所示；半径为"0.5"，单击"确定" ✔ 按钮即可。

图 4-147

步骤 122：在工具面板中，单击"模型"，进入"模型"工具栏；单击"圆角" 按钮，选择边线如图 4-148 所示；半径为"3"，单击"确定" ✔ 按钮即可。

步骤 123：在工具面板中，单击"模型"，进入"模型"工具栏；单击"倒角" 按钮，结果如图 4-149 所示；单击"确定" ✔ 按钮。

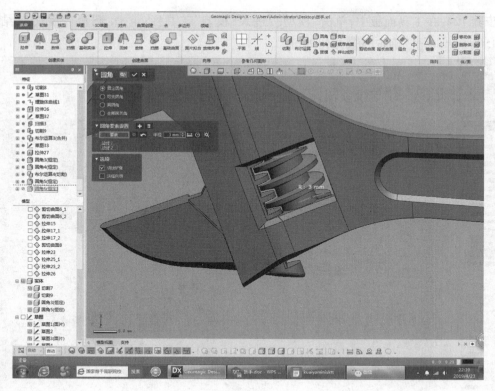

图 4-148

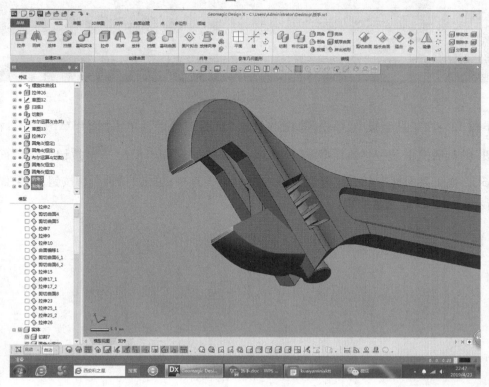

图 4-149

步骤 124：在工具面板中，单击"模型"，进入"模型"工具栏；单击"圆角" 按钮，结果如图 4-150 所示；单击"确定" 按钮即可。

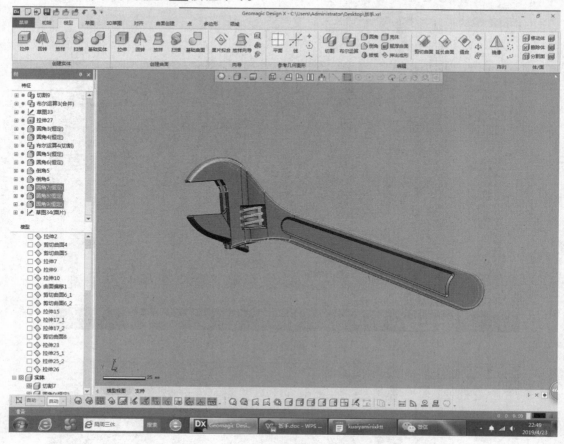

图 4-150

步骤 125：在工具面板中，单击"草图"，进入"草图工具栏"；单击"面片草图" ，在"面片草图"的对话框中，进入"面片草图"模式，做出圆特征；单击"退出" 按钮，退出"面片草图"模式。在工具面板中，单击"模型"，进入"模型"工具栏；单击"拉伸" 按钮，结果如图 4-151 所示；单击"确定" 按钮。

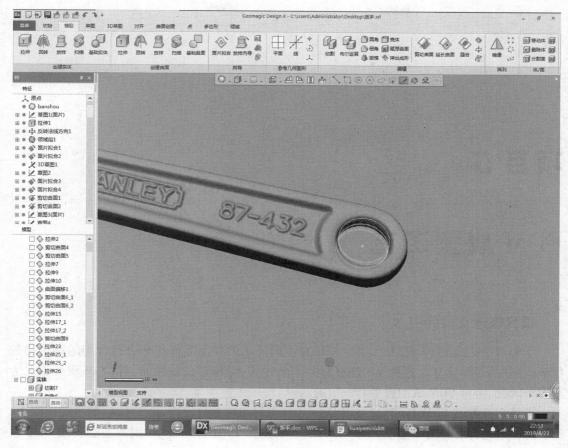

图 4-151

4.2.5　任务总结

本任务主要使用 Geomagic Design X 软件逆向建模高级案例。使学者们能够掌握建模目标物体的逆向建模思路,学会逆向建模的步骤和方法以及了解逆向建模技术的优势;能够熟练使用 Geomagic Design X 软件以及逆向建模复杂程度不高的物体。

项目 5

FDM 成型工艺

项目描述及案例引入

了解市面主流 FDM 成型工艺设备,是对不同要求的产品零件制作进行合理的性价比的保证。利用 FDM 成型工艺制作出高质量的产品零件,对机器设备性能、材料、环境要求尤为重要。因此,需对 FDM 成型设备有一定的认识。

市场上开源的 FDM 打印机,可用 Cura 软件进行切片参数设置,由于 Cura 软件功能强大,适合操作者进行各种 DIY 参数调节。因此,若要操作 FDM 打印设备,则需要会使用 Cura 软件,进行各项参数调节。

掌握正确的打印机设备操作,有利于我们打印出一个完美的作品,本章节将讲解设备操作流程,对设备上机前的准备步骤进行详细说明。

本项目还将讲解 FDM 工艺的处理流程,以及操作过程中所需要的工具,最后对本项目的知识内容进行总结。

项目目标

能力目标

- 根据产品的参数会选择 3D 打印机。
- 会进行 FDM 的打印前处理。
- 会进行 FDM 打印件的后处理。
- 会选择 3D 打印机附属配件。

知识目标

- 掌握 3D 打印概念。
- 掌握 FDM 原理。
- 了解 FDM 机器结构。
- 掌握 FDM 的前处理知识。

任务 5.1　FDM 技术简介

5.1.1　3D 打印概念

(1)3D 打印技术的基本原理

3D 打印技术(3D Printing,3DP)属于快速成型技术,也称增材制造(Additive manu-facturing,AM)是对零件的三维 CAD 实体模型,按照一定的厚度进行分层切片处理,生成二维的截面信息,然后根据每一层的截面信息,利用激光束、电子束、热熔喷嘴等方式将粉末、热塑性材料等特殊材料进行逐层堆积黏结,最终叠加成型。这一过程反复进行,各截面层层叠加,最终形成三维实体。分层的厚度可以相等,也可以不等。分层越薄,生成的零件精度越高,采用不等厚度分层的目的在于加快成型速度,3D 打印流程图如图 5-1 所示。

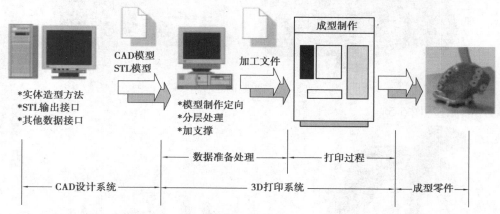

图 5-1　3D 打印流程图

(2)3D 打印技术的应用

3D 打印技术在珠宝、鞋类、工业设计、建筑、工程和施工(AEC)、汽车,航空航天、牙科和医疗产业、教育、地理信息系统、土木工程、枪支以及其他领域都有所应用。

1)建筑设计(图 5-2)

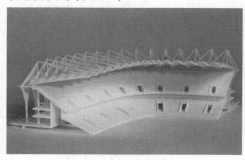
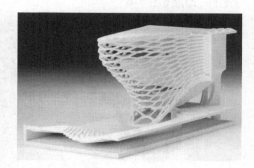

图 5-2　建筑设计应用

2) 医疗行业(图 5-3)

图 5-3　医疗行业应用

3) 汽车制造业(图 5-4)

图 5-4　汽车制造业应用

4) 产品原型(图 5-5)

图 5-5　产品原型应用

5) 配件、饰品(图 5-6)

图 5-6　配件、饰品应用

5.1.2　FDM 技术工艺

FDM 中文全称为熔融沉积成型,是目前应用最为广泛的 3D 打印技术,该技术是美国 Stratasys 公司于 20 世纪 80 年代末发明的。1992 年该公司推出世界上第一款基于 FDM 技术的 3D 打印机,标志着 FDM 技术步入商用阶段。2009 年 FDM 关键技术专利到期,各种基于 FDM 技术的 3D 打印公司开始大量出现,行业迎来快速发展期。

FDM 工艺认知

（1）FDM 工艺原理

熔融挤压（Fused Deposition Modeling,FDM）, 是将丝状原料通过送丝部件送入热熔喷头,然后在喷头内被加热融化,在电脑控制下喷头沿着零件截面轮廓和填充轨迹运动,将半流动状态的材料送到指定位置并最终凝固,同时与周围材料黏结,选择性的逐层熔化与覆盖,最终形成成品如图 5-7 所示。

成型过程主要包括设计三维模型、三维模型的近似处理、STL 文件的分层处理、造型及后处理如图 5-8 所示。

（2）FDM 技术打印材料

材料是 3D 打印技术的关键所在,对于 FDM 来说也不例外,FDM 系统的材料主要包括成型材料和支撑材

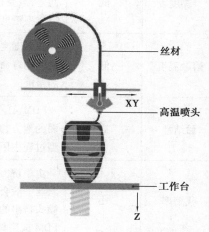

丝材

XY

高温喷头

工作台

Z

图 5-7　FDM 工作原理图

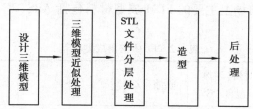

设计三维模型 → 三维模型近似处理 → STL 文件分层处理 → 造型 → 后处理

图 5-8　FDM 成型过程

料,成型材料主要为热塑性材料如图 5-9 所示,包括 ABS、PLA、人造橡胶、石蜡等;支撑材料目前主要为水溶性材料。FDM 采用热塑成型的方法,丝材要经受“固态—液态—固态”的转变,对材料的特性、成型温度、成型收缩率等有着特定的要求。线材线径:常规1.75 mm和 3 mm。

图 5-9　FDM 打印线材

233

1）成型材料

成型材料是利用 FDM 技术实现 3D 打印的载体，对其黏度、熔融温度、黏结性、收缩率等方面均有较高要求，具体如表 5-1。

表 5-1　FDM 技术对成型材料的要求

性能	具体要求	原因
黏度	低	材料的黏度低、流动性好，阻力就小，有助于材料顺利挤出。材料的流动性差，需要很大的送丝压力才能挤出，会增加喷头的启停响应时间，从而影响成型精度
熔融温度	低	熔融温度低可以使材料在较低温度下挤出，有利于提高喷头和整个机械系统的寿命。可以减少材料在挤出前后的温差，减少热应力，从而提高原型的精度
黏结性	高	FDM 工艺是基于分层制造的一种工艺，层与层之间往往是零件强度最薄弱的地方，黏结性好坏决定了零件成型以后的强度。黏结性过低，有时在成型过程中因热应力会造成层与层之间的开裂
收缩率	小	由于挤出时，喷头内部需要保持一定的压力才能将材料顺利挤出，挤出后材料丝一般会发生一定程度的膨胀。如果材料收缩率对压力比较敏感，会造成喷头挤出的材料丝直径与喷嘴的名义直径相差太大，影响材料的成型精度。FDM 成型材料的收缩率对温度不能太敏感，否则会产生零件翘曲、开裂

根据上述特性，目前市场上主要的 FDM 成型材料包括 ABS、PC、PP、PLA、合成橡胶等如表 5-2。

表 5-2　FDM 常用成型材料

名称	成型温度/℃	材料耐热温度/℃	收缩率/%	外观	性能
ABS	200~240	70~110	0.4~0.7	浅象牙色	强度高、韧性好、抗冲击；耐热性适中
PLA	170~230	70~90	0.3	较好的光泽性和透明度	可降解，良好的抗拉强度和延展性、耐热性不好
PC	230~320	130 左右	0.5~0.8	多为白色	高强度、耐高温、抗冲击；耐水解稳定性差
蜡丝	120~150	70 左右	0.3 左右	多为白色	无毒害，表面光洁度及质感较好，成型精度较高，耐热性较差
合成橡胶	160~230	70 左右	0.3 左右	柔软	具有高弹性、绝缘性、气密性、耐油、耐高温或低温等性能

2)支撑材料

支撑材料,顾名思义是在 3D 打印过程中对成型材料起到支撑作用的部分,在打印完成后,支撑材料需要进行剥离,因此也要求其具有一定的性能,目前采用的支撑材料一般为水溶性材料,即在水中能够溶解,方便剥离。具体特性要求如表 5-3。

表 5-3　FDM 常用支撑材料

性能	具体要求	原因
耐温性	耐高温	由于支撑材料要与成型材料在支撑面上接触,所以支撑材料必须能够承受成型材料的高温,在此温度下不产生分解与熔化
与成型材料的亲和性	与成型材料不浸润	支撑材料是加工中采取的辅助手段,在加工完毕后必须去除,所以支撑材料与成型材料的亲和性不应太好
溶解性	具有水溶性或者酸溶性	对于具有很复杂的内腔、孔等原型,为了便于后处理,可通过支撑材料在某种液体里溶解而去支撑。由于现在 FDM 使用的成型材料一般是 ABS 工程塑料,该材料一般可以溶解在有机溶剂中,所以不能使用有机溶剂,目前已开发出水溶性支撑材料
熔融温度	低	具有较低的熔融温度可以使材料在较低的温度挤出,提高喷头的使用寿命
流动性	高	由于支撑材料的成型精度要求不高,为了提高机器的扫描速度,要求支撑材料具有很好的流动性,相对而言,对于黏性可以差一些

FDM 对支撑材料的具体要求是能够承受一定的高温、与成型材料不浸润、具有水溶性或者酸溶性、具有较低的熔融温度、流动性要好等。

(3)FDM 优点及存在的问题

与其他 3D 打印技术路径相比,FDM 具有成本低、原料广泛等优点,同样存在成型精度低、支撑材料难以剥离等特点。

1)具有的优点

①成本低:FDM 技术不采用激光器,设备运营维护成本较低,而其成型材料也多为 ABS、PC 等产用工程塑料,成本同样较低,因此目前桌面级 3D 打印机多采用 FDM 技术路径。

②成型材料范围较广。通过上述分析我们知道,ABS、PLA、PC、PP 等热塑性材料均可作为 FDM 路径的成型材料,这些都是常见的工程塑料,易于取得,且成本较低。

③环境污染较小。在整个过程中只涉及热塑材料的熔融和凝固,且在较为封闭的 3D 打印室内进行,且不涉及高温、高压,没有有毒有害物质排放,因此环境友好程度较高。

④设备、材料体积较小。采用 FDM 路径的 3D 打印机设备体积较小,而耗材也是成卷的丝材,便于搬运,适合于办公室、家庭等环境。

⑤原料利用率高。没有使用或者使用过程中废弃的成型材料和支撑材料可以进行回收,加工再利用,能够有效提高原料的利用效率。

⑥后处理相对简单。目前采用的支撑材料多为水溶性材料,剥离较为简单,而其他技术路径后处理往往还需要进行固化处理,需要其他辅助设备,FDM 则不需要。

2）存在的缺点

①成型时间较长。由于喷头运动是机械运动，成型过程中速度受到一定的限制，因此一般成型时间较长，不适于制造大型部件。

②精度低。与其他 3D 打印路径相比，采用 FDM 路径的成品精度相对较低，表面有明显的纹路。

③需要支撑材料。在成型过程中需要加入支撑材料，在打印完成后要进行剥离，对于一些复杂构件来说，剥离存在一定的困难。另外，随着技术的进步，一些采用 3D 打印厂家已经推出了不需要支撑材料的机型，该缺点正在被逐步克服。

（4）与其他 3D 打印技术的对比

与 SLA、SLS、SLM 等成熟 3D 打印技术相比，FDM 具有自己的特点，总体来说，FDM 技术适合于对精度要求不高的桌面级 3D 打印机，易于推广，市场空间也较大。

5.1.3 设备结构

FDM 制造系统包括硬件系统、软件系统，硬件系统主要指 3D 打印机本身，一台利用 FDM 技术的 3D 打印机包括工作平台、送丝装置、加热喷头、储丝设备和控制设备五大部分组成。以下以北京太尔时代科技有限公司 UP2 成型设备为例介绍 FDM 快速成形系统如图 5-10 所示。

图 5-10　太尔时代 UP2

设备的主要参数：

成型平台尺寸：140 mm×140 mm×135 mm

打印精度：0.15/0.20/0.25/0.30/0.35/0.40 mm

打印喷头：单喷头

喷嘴直径：0.4mm

（1）机械系统

UP2 机械系统包括运动、喷头、成形室、材料室、控制室和电源室等单元。其机械系统采用模块化设计，各个单元互相独立。如运动单元只完成扫描和升降动作，而且整机运动精度只决定于运动单元的精度，与其他单元无关。因此，每个单元可以根据其功能需求，采用不同的设计。运动单元和喷头单元对精度要求较高，其部件的选用及零件的加工都要特别考虑。电源室和控制室加装了屏蔽设施，具有防干扰和抗干扰功能。

基于 PC 总线的运动控制卡能实现直线、圆弧插补和多轴联动。PC 总线的喷头控制卡用于完成喷头的出丝控制，具有超前于滞后动作的补偿功能。喷头控制卡与运动控制卡能够协同工作，通过运动控制卡的协同信号控制喷头的启停和转向。

制造系统配备了三套独立的温度控制器，分别检测与控制成形喷嘴、成形室的温度。为了适应控制系统长时间连续工作的高可靠性要求，整个控制系统采用了多微处理机二级分布式集散控制结构，各个控制单元具有故障诊断和自修复功能，使故障的影响局部化。由于采用了 PC 总线和插板式结构，使系统具有组装灵活、扩展容量大、抗干扰能力强等优点。

该系统关键部件喷头的结构。喷头内的螺杆与送丝机构用可沿 R 方向旋转的同一步进电机驱动，当外部计算机发出指令后，步进电机驱动螺杆，同时，又通过同步齿形带传动与送料辊将丝料送入成形头。在喷头中,由于电热棒的作用,丝料呈熔融状态,并在螺杆的推挤下,通过铜质喷嘴涂覆在工作台上。

（2）软件系统

软件系统包括几何建模和信息处理两部分。几何建模单元是由设计人员借助于 CAD 软件,构造产品的实体模型或者由三维测量仪（CT、MRI 等）获取的数据重构产品的实体模型。最后以 STL 格式输出原形的几何信息。

信息处理单元由 STL 文件处理、工艺处理、数控、图形显示等模块组成,分别完成 STL 文件错误数据检验与修复、层片文件生成、填充线计算、数控代码生成和对成形机的控制。其中,工艺处理模块根据 STL 文件判断成形过程是否需要支撑,如需要则需要进行支撑结构设计与计算,并以 CLI 格式输出产生分层 CLI 文件。

（3）供料系统

UP2 成形系统要求成形材料为 φ1.75 mm 的丝材,并且凝固收缩率较低、陡的黏度曲线和一定的强度、硬度、柔韧性。一般的塑料、蜡等热塑性材料经过适当改性后都可以使用。目前已经成功开发了多种颜色的精密铸造用蜡丝、ABS 塑料丝等。

5.1.4   FDM 机器分类

主流的 FDM 3D 打印机按照传动方式来主要分为 3 种:XYZ 型、CoreXY 型和三角型。

（1）XYZ 型

XYZ 型 3D 打印机的特点三轴传动互相独立:3 个轴分别由 3 个步进电机独立控制（有些机器 Z 轴是两个电机,传动同步作用）如图 5-11 所示。

总体来说,XYZ 结构清晰简单,独立控制的三轴,使得机器稳定性、打印精度和打印速度能维持在比较高的性能。

（2）CoreXY 型

CoreXY 结构是由 Hbot 结构改进来的。Hbot 结构的主要优点,速度快,没有 X 轴电机一起运动的负担,还有就是可以做得更小巧,打印面积占比更高,如图 5-12 所示。

图 5-11   XYZ 型 3D 打印机

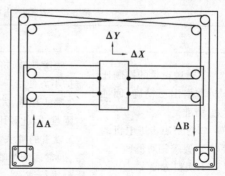

图 5-12   CoreXY 传动示意图

两个传送皮带看上去是相交的,其实是在两个平面上,一个在另外一个上面。而在 X、Y 方向移动的滑架上则安装了两个步进马达,使得滑架的移动更加精确而稳定。

(3)三角型

三角型也叫并联臂结构,是一种通过一系列互相连接的平行四边形来控制目标在 X、Y、Z 轴上的运动的机械结构,很多创客在设计自己的 3D 打印机是借鉴了这种三角并联式机械臂的特点,于是就出现了如今我们常见的外形接近三角形柱体的三角式 3D 打印机,玩家们称为三角洲打印机如图 5-13 所示。

图 5-13　三角洲打印机

采用三角型能设计出打印尺寸更高的 3D 打印机。三轴联动的结构,传动效率更高,速度更快。但是由于三角的坐标换算是采用插值的算法,弧线是用很多条小直线进行插值模拟逼近的,小线段的数量直接影响着打印的效果,造成三角的分辨率不足打印精度相对略有下降。

5.1.5　FDM 机器挤出机分类

FDM 机器挤出机有两种类型:近程挤出机和远程挤出机。

(1)近程挤出机

一般挤出机和步进电机安装在喷头上,直接给喷头送料如图 5-14 所示。

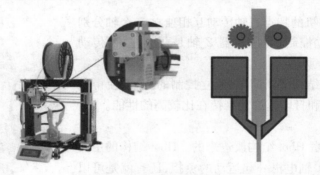

图 5-14　FDM 机器近程挤出机

近程挤出机优缺点如表 5-4 所示:

表 5-4　近程挤出机优缺点

名称	优点	缺点
近程挤出机	1.对送料量的控制比远程挤出更精确,回抽更精准 2.对挤出步进电机的力矩要求相对低些 3.换料方便	1.喷嘴热端、挤出机、步进电机、散热风扇等集成在一起,拆装维护不方便 2.喷头较重,尤其是双喷头打印机,运动时惯性大,加速减速相对困难,因此要用较低的打印速度以保证精度 3.较重的喷头对光轴或导轨的压力更大,长时间容易将其压弯,通常表现为喷头在光轴中部时比在两边更低,这样将很难对平台进行调平

（2）远程挤出机

一般挤出机和步进电机安装在机器外壳上，通过特氟龙管远程给喷头送料如图 5-15 所示。由于送料距离过远，一但使用弹性耗材就会导致无法正常输送材质的情况，远程挤出方式的 3D 打印机一般都不能支持弹性材质的打印。

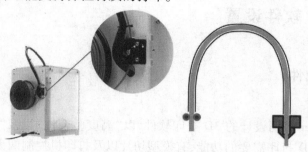

图 5-15　远程挤出机

远程挤出机优缺点如表 5-5 所示。

表 5-5　远程挤出机优缺点

优点	缺点
1.喷头重量轻，惯性小，移动定位更精准 2.喷头移动速度可达 200～300 mm/s，因此其打印速度也可以非常快 3.喷头和挤出机分离，方便维护	1.送料距离远，阻力较大，要求负责挤出的步进电机有更大的力矩 2.挤出机与喷头需要用特氟龙管和气动接头连接，相对于近程挤出更容易出现故障 3.耗材和特氟龙管有一定弹性，再加上一般气动接头也有一定活动空间，所以导致需要的回抽距离和速度更大，不如近程挤出回抽精准 4.挤出机与喷嘴距离较长，因此送料管中的那一段耗材比较难用尽 5.换料不是很方便，尤其是使用打印过程中不暂停，新料顶老料的换料方法，料头在送料管中时无法回抽

5.1.6　FDM 高温打印

（1）高温打印机性能要求

FDM 高温打印对机器整体性能要求较高，很多元器件需要承受在高温的环境下工作，尤其是高温喷头如图 5-16 所示。高温喷头的作用是：熔化挤出机送入的耗材（塑料、尼龙或其他可熔化为流体的材料），并将其挤出，用于 3D 打印的叠加成型。比普通的喷头温度要高，用于打印 Peek、尼龙等高温材料。它类似喷墨打印机中的墨盒和喷嘴，是 3D 打印机的重要部件。

图 5-16　高温喷头

（2）高温打印的要求

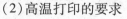

高温喷头	←	打印机工作仓恒温	←	高温材料头

①保持打印空间内的温度稳定,有助于减少打印物件的翘边问题。

②可防止 3D 打印途中不小心碰到打印中的物件或受到其他外边环境的干扰。

③由于高温材料收缩率比较高,保持稳定的室温会有助打印的质量。

任务 5.2 切片软件设置

Cura 软件安装

5.2.1 Cura 软件

(1)软件简介

Cura 是 Ultimaker 公司设计的 3D 打印软件,以"高度整合性"以及"容易使用"为设计目标。它包含了所有 3D 打印需要的功能,有模型切片以及打印机控制两大部分。

因为 Cura 的高度易用性,简洁的菜单和命令,使其上手十分容易;而强大的功能和高效率的切片速度,更是深受广大用户的喜爱,所以我们极力推荐用户在入门阶段使用 Cura。

Cura 支持多种 3D 模型文件格式。其中最常见的还是 stl 格式。stl 格式是一种非常简单的 3D 模型文件格式,而且是基于文本的格式,可以直接用文本编辑工具打开查看、编辑。

(2)软件安装

Cura 软件安装非常简单,只需安装提示一步步安装即可,安装过程中若弹出提示要求安装插件时,全部都需要点击安装,防止部分功能缺失。

(3)软件界面介绍

Cura 软件界面如图 5-17 所示,左侧为工具栏,需选中模型才能激活左侧命令,右侧为参数栏,可修改切片参数。

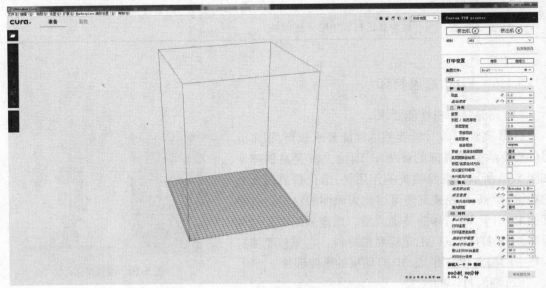

图 5-17 Cura 软件界面

5.2.2 打印平台设置

(1)打印平台介绍

不同的设备,打印成型尺寸可能都不相同,所以在使用该软件时,我们需要先设置好打印平台参数,通常我们可以直接拿尺子测量成型平台大小,与成型高度,得到的数值直接输入大参数栏中即可。

(2)打印平台设置

①在左上方的工具栏中,先点击"偏好设置",再点击"配置 Cura",进入"偏好设置",如图 5-18 所示。

图 5-18　配置 Cura

②打印机选择。在左侧的"打印机"中,点击"打印机"设置,选择对应的打印机,点击"打印机设置",如图 5-19 所示。

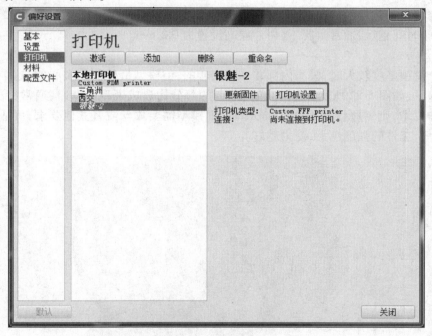

图 5-19　偏好设置

③打印机设置。在弹出的窗口中,输入打印机的成型尺寸,如图 5-20 所示,然后切换到"Extruder",设置喷头参数,与打印耗材直径,如图 5-21 所示。

图 5-20　打印机设置　　　　　　　　　　　图 5-21　喷头设置

5.2.3　切片参数设置

（1）层高

设备打印完一层后，将抬高 X mm，X 为切片层高数值。

层高控制设备每层的打印高度，层高数值越大，工件表面越粗糙，台阶痕越明显，打印时间越短，通常情况下，切片层高设置为 0.2 mm。

cura 参数设置

（2）壁厚

当一个模型厚度较大时，模型内部并非是实心的，但模型最外侧是实心的，这个实心的位置被称为壁厚，如图 5-22 所示，图中红色与绿色的部分构建成模型的壁厚，通常情况下，若模型没有特殊要求，则壁厚设置为 0.8 mm 即可，如模型需要攻丝或者其他要求，可适当加大壁厚，壁厚越大，工件的强度越大，受力越好。

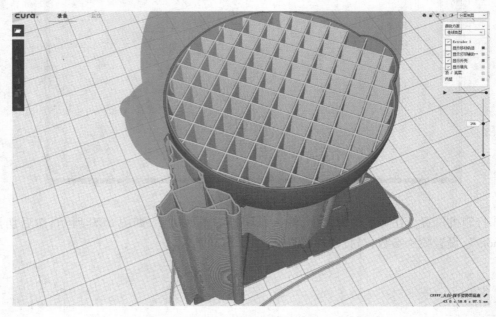

图 5-22　模型切片预览 1

（3）填充

如图 5-23 所示，橘黄色的地方代表了工件的填充结构，填充数值为 0%~100%，当设置为 0% 时，工件内部无任何材料分别如图 5-24 所示，当填充数值为 100% 时，工件为实心零件。填充密度越大，工件强度越大，通常情况下，非功能件，填充密度设置为 20%。

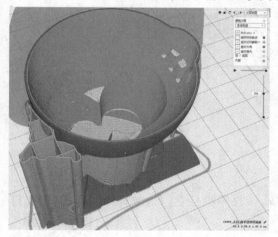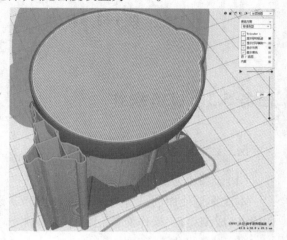

图 5-23　模型切片预览 2　　　　　图 5-24　模型切片预览 3

（4）温度

FDM 成型工艺加热喷头，使喷头内的材料受热后挤出。受热时若温度过低，材料流动性差，则会出现堵头现象，若温度过高，则材料流动性太强，从而自动流出喷头，产生拉丝现象，甚至烧焦材料。一般来说，每卷打印耗材厂家都会给出一个推荐打印温度，我们可以通过观察耗材上的铭牌，从而设置打印材料的温度。

（5）速度

打印速度指的是喷头打印过程中，喷头移动的速度，速度越快，打印时间越短，模型质量越差，一般来说，打印速度与设备的结构有关，喷头越重，则打印速度越慢，设备结构越好，则打印速度可以越高。

（6）支撑

模型的支撑是为了保证模型可以顺利打印成型而存在的，当模型打印完成后，支撑部分就没有任何意义了，所以我们需要将支撑材料拆除，一般来说，模型表面悬垂角度越大，支撑越多。

5.2.4　切片预览与导出

（1）切片预览

在软件界面的右上角处，有一个视图选项，选择"分层视图"，颜色方案选择"走线类型"，等待软件切片，切片完成后，可通过拖动垂直方向上的进度条查看每层的截面轮廓，拖动水平方向上的进度条可以查看当前轮廓打印情况，如图 5-25 所示。

图 5-25　打印预览

（2）切片导出

参数设置完成后,可通过点击软件右下角的"保存到文件"按钮,将切片数据导出为 G 代码,此处还会显示打印所需时间以及打印材料损耗,如图5-26 所示。

保存到文件 已准备就绪

02小时 09分钟
7.80m / ~23g / ~1.30 €

保存到文件

图 5-26　切片导出

任务 5.3　设备操作

HRI3D 软件
参数设置

5.3.1　设备介绍

（1）设备型号介绍

本次案例使用的设备为弘瑞的 HORI E3 设备,该打印机是专门为教育而制作的 FDM 打印设备,成型稳定、操作简单、上手快。

（2）设备操作

1）接通电源

在设备的左后方为电源线接口,开机前先插好电源线,然后打开总电源开关,如图 5-27 所示。

设备操作

图 5-27　电源接口

图 5-28　打开舱门

2）开机

将设备的前舱门与上舱门打开,如图 5-28 所示,打开后,在设备前方有一个电源开关,按下开关,设备启动。

3）操作面板

操作面板共有 5 个界面,从左到右依次是:状态、速度、换料、移轴、SD 卡。

①状态:在该界面,可以设置与查看喷头与热床的温度,模型打印进度也可以在该界面进行查看,如图 5-29 所示。

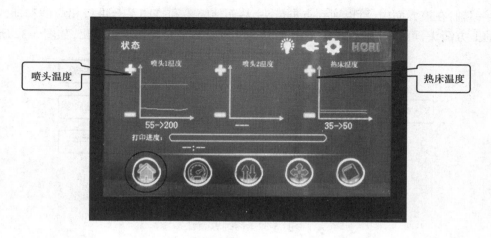

图 5-29　状态界面

②速度：在该界面可以在打印过程中，调节打印速度和材料挤出速度，如图 5-30 所示。

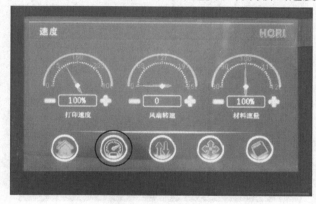

图 5-30　速度界面

③换料：在该界面中，可通过单击"一键进料"，然后将线材放置进喉管中，喷头温度达到目标值后，便会自动挤出材料；单击"一键退料"，喷头温度达到目标值后，便会将材料撤出喉管；在右侧的调平台中，依次单击 1，2，3，4，即可使喷头移动到对应的调平点，如图 5-31 所示。

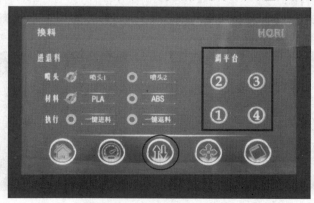

图 5-31　换料界面

④移轴:在该界面中,可以通到点击箭头,从而使喷头和打印平台进行相应的移动,在 E1 文字的上方箭头,可以控制挤出电机旋转,从而实现材料的手动挤出或撤出,如图 5-32 所示。

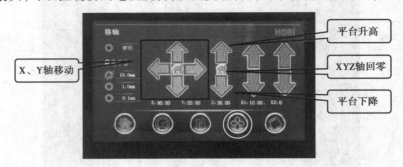

图 5-32　移轴界面

⑤SD 卡:在该界面可以查看 SD 卡中的所有 G 代码,我们可以通过选中相应的 G 代码文件,点击左边的三角型按钮,进行设备打印,在打印过程中,也可以通过点击暂停或者停止按钮,使打印过程中的设备停止下来,如图 5-33 所示。

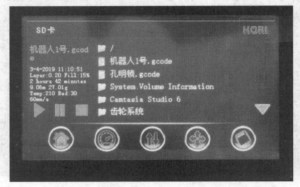

图 5-33　SD 卡界面

5.3.2　换料操作

(1)FDM 常用材料

FDM 3D 打印机现用的主流材料有两种:ABS 和 PLA,都为工程塑料。最常用的两种线材,两者各有特点如图 5-34、图 5-35 所示。

图 5-34　ABS 材料

图 5-35　PLA 材料

ABS,具有强度高、韧性好、稳定性高的特点,是一种热塑性高分子材料结构。ABS 熔点为 200 ℃左右,3D 打印机打印 ABS 一般设置喷嘴温度为 210~230 ℃。市面上销售的 ABS 打印耗材 1.75 mm 居多。

PLA,具有良好的热稳定性和抗溶剂性,是一种新型的生物降解材料。熔点比 ABS 要低,熔点为 180 ℃左右,3D 打印机打印 PLA 一般设置喷嘴温度为 190~220 ℃。市场上出售的 PLA 打印耗材以 1.75 mm 和 3.00 mm 居多。就 3D 打印模型来讲,PLA 比 ABS 打印出来的模型硬度大,ABS 打印的模型是暗色的,PLA 打印的模型是亮色的。

（2）材料的判断

1）观察法

根据外在条件来判断线料质量如图 5-36 所示。打开密封后,观察线材是否存在色差;观察线材内部是否存在微小的气泡;观察线材的色泽是否均匀。一般情况下色泽不均匀,说明线材在生产时就发生了部分变化;观察线材是否有黑色或其他颜色的斑点。

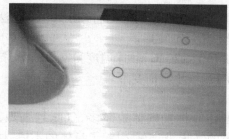

图 5-36　材料黑点　　　　　　　　　　图 5-37　测量材料

2）采用数显卡尺测量

用带有数显的游标卡尺来测量其是否在控制的公差范围内如图 5-37 所示,测量方式是 1~2 m 的长度内测量,测试线径的公差是否均匀;在每个测试点,旋转一周测量 3~4 个圆周的范围,主要测量线材是否"圆",检查线材的直径是否控制有效。一般来说,优质耗材的公差能控制在 0.05 mm 之内。

3）用手掰耗材

用手掰一掰耗材,如果一掰就断,品质就打了很大的折扣。取数段 5 cm 左右的线材,先目测有无裂痕,然后弯折 120°左右,如果出现断裂,则代表材料的抗弯折能力不佳,如图 5-38、图 5.39 所示。

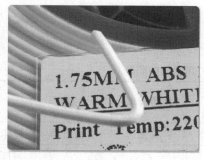

图 5-38　ABS 耗材　　　　　　　　　　图 5-39　PLA 耗材

工艺差的耗材本身便可能出现明显的裂痕等瑕疵,极易断裂。尤其是 PLA 纯度越高越脆,所以断裂常见于透明、光泽的 PLA 材料。而不透光的 PLA 一般是改性 PLA,这种情况就比较少见。

4)打印测试

通过前面的检测,如果都还能符合要求,那就来打印一下试试看,如图 5-40、图 5-41 所示。

图 5-40　ABS 耗材　　　　　　　　图 5-41　PLA 耗材

①1.75 线径的 ABS 用 0.4 的喷头,打印温度在 220~260 ℃,热床温度为 90 ℃,无法打印出 0.4 的特征。打印完成后,表面纹路少,不易拉丝,小特征变形。

②1.75 线径的 PLA 用 0.4 的喷头,打印温度在 190~220 ℃,热床温度为室温,无法打印出0.4 的特征。打印完成后,表面纹路过多,容易产生拉丝,小特征变形。

5)闻气味

劣质原料、含添加剂较多的耗材,一般加热融化时挥发气体也越多,气味越强烈,如图 5-42、图 5-43 所示。如果在打印过程中出现了刺鼻的气味,甚至是引起了身体的不适,材料需要立即停止使用。

图 5-42　ABS 耗材　　　　　　　　图 5-43　PLA 耗材

①燃烧后,释放大量黑烟,材料变黑。

②燃烧后材料呈熔融状态,材料变暗。

ABS 与 PLA 打印参数的差异如表 5-6 所示。

表 5-6　ABS 与 PLA 打印参数的差异

材料	打印温度 /℃	打印热床 温度/℃	支撑 拆除	特殊 支撑材料	翘边程度	打磨	其他
ABS	220~260	90	易	无	容易翘边	容易打磨	打印时有气味
PLA	190~220	室温	一般	水溶性 支撑	不易翘边	不易打磨	打印时基本 无异味

（3）材料撤出

在设备控制面板,选择"换料"界面,点击"一键退料"设备将自动撤出材料。

（4）材料挤出

材料挤出后,更换新的材料,将新材料塞进喉管中,点击"一键进料",喷头温度将上升到设定值,然后挤出材料,如图 5-44 所示。

5.3.3　设备上机打印

（1）涂抹胶水

在打印平台上涂上适量胶水,如图 5-45 所示,用滚筒刷将胶水涂抹到模型打印位置上,如图 5-46 所示。

图 5-44　材料挤出

图 5-45　倒入胶水

图 5-46　涂抹胶水

（2）读取数据

在控制面板中,选择 SD 卡界面,选中打印的 G 代码文件,点击左侧的三角形图标,设备开始打印,如图 5-47 所示。

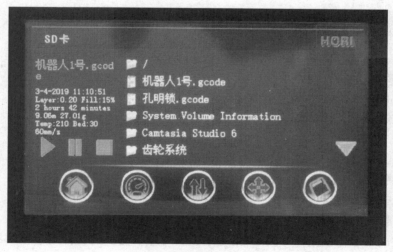

图 5-47　读取数据

（3）打印过程

打印开始时,喷头将在平台的左前方进行预挤出,如图 5-48 所示。

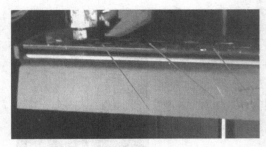

图 5-48　预挤出

图 5-49　打印第一层

然后喷头将移动到打印区域进行打印,如图 5-49 所示。

任务 5.4　模型后处理

取件和拆支撑

在 3D 打印制造行业里,制作手板的材料具备多样性,针对手板材料的后处理方法有去支撑、打磨、上色等。打磨根据精细程度又分粗磨、平磨、细磨、抛光。其中粗磨一般是在前处理时用来去除手板支撑、毛边、伤痕、咬迹、层叠、脏污、浮泡;而平磨通常是用包裹了小木块或硬橡皮的砂纸对大平面进行打磨,这样找平效果较好;细磨则一般用于刮腻子、上封闭漆、拼色和补色之后的各道中层处理中,砂磨时要求仔细认真;抛光是用水砂纸蘸清水或酒精、肥皂水打磨。

5.4.1　后处理准备工作

(1)工具准备

手工打磨前需要准备做三部分准备工作:

①工作环境的准备工作。

②手板零件的准备工作。

③操作者准备工作。

打磨工在上岗前,必须经过培训,合格后,才能上岗操作。

(2)工作场合的准备工作

①良好的自然光照,便于观察色度。

②良好的通风、换气保障,除尘设备正常。

③干净的工作台。

④正常的工作灯源。

⑤工作准备齐全。

⑥个人保护设施得当。

(3)手板零件准备工作

手板零件准备工作就是针对问题,指定手板后处理工艺。既要针对手板的缺陷进行先前期处理,比如补点状洼陷、面局部丢失等,才能进行下一步的打磨后处理工艺。

1)手板零件缺陷常见的问题

①针孔、气孔。

②毛刺、飞边。

③磕碰、划伤。

④崩角、塌角。

⑤砂眼、裂纹。

⑥磨损、内陷、鼓包。

⑦制造错误、制造缺陷、连接缺陷。

2）手板零件易产生缺陷的部位

①尖角、锐边。

②沟槽、侧壁。

③底部、深腔。

④平面、分型。

（4）操作者准备工作

操作者在经常实际操作培训后，应熟悉手板后处理中主要工艺的工艺原理，所用工具的使用方法，掌握一般的后处理工艺。

认真熟悉技术要求，掌握相关的打磨工艺。

①工作前认真检查来件外观表面是否有磕碰、麻点、凹坑，其缺陷深度是否通过打磨方法可以去除，发现问题及时记录，以便在编制打磨工艺时，提醒加强点的处理力度。

②正确选择砂纸或砂条，正确选用机用百叶片的种类和抛光轮的目数。

③按零件处理量，准备好足够砂纸和其他后处理所需的工具、耗材。

④工作前应保证打磨设备处于良好状态，周围无障碍物，周围无易燃烧物，检查后在开机。

⑤检查电源线有无破损，试运行。

⑥在打磨过程中要轻拿、轻放，避免零件表面的划伤、磕碰、滑落。

⑦相关的检验、检查工具一一对应。

5.4.2 取下 FDM 机器打印模型

FDM 打印完成后，首先把工件从网板上取下来。用铲刀取工件，对工件的支撑进行拆除的过程。

取件操作步骤：

1）取件基本工具

取件基本工具如图 5-50 所示。

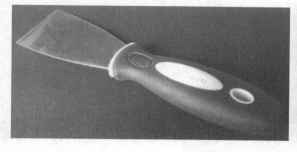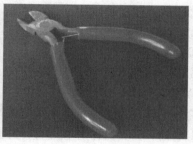

图 5-50 取件基本工具

2）取件

从设备上取下网板并用铲刀取件流程如图 5-51 所示。

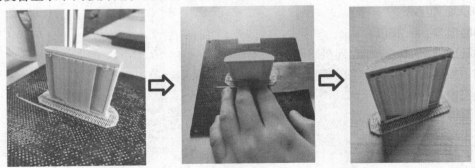

图 5-51　取件流程

3）利用钳子把模型表面支撑去除如图 5-52 所示。

图 5-52　去支撑

5.4.3　模型打磨处理

手工打磨的类型分为干打磨和湿打磨。

（1）干打磨定义

指在不利用各种磨削液下进行的一种打磨工艺。

1）打磨注意要点

①区分零件材料。

②确认零件材料硬度。

③确认零件生成法。

④确定打磨工艺。

⑤确定打磨用材。

2）检验工具

检验工具是为了在打磨期间有效地控制零件的质量，防止零件产生不可逆的残次。

①电脑。需要操作者心细，读懂图纸和技术要求，特别要注意区分细节，比如：支撑和零件的区分。

②量具。勤用量具。常用量具有：游标卡尺、直尺、角尺、高度尺等。

（2）湿打磨

湿打磨可以借助各种冷却液带走削磨残渣,以保证打磨效果及零件清洁。

湿打磨与干打磨主要区别如下:

①湿打磨在工艺程序上与干打磨工艺基本一致。

②湿打磨在磨削材料上使用耐水性材料,比如水砂纸等。

③湿打磨有效地控制了粉尘,保持了零件的清洁。

④湿打磨提高了磨削效率,由于磨削液带走了物屑,使得磨削更加顺利。

⑤湿打磨节约打磨耗材。

⑥湿打磨时由于零件表面被水包裹,水同时遮盖了零件表面粗糙度场的分布,所以在打磨到一定量的时候,需要吹干零件,省视工件的细节,加大了功耗。

⑦湿打磨过程中,应该拒绝电器助力部分参与,以防漏电危害人身。

⑧在执行湿打磨工艺时,一定要戴好胶手套,戴好防尘镜,尽量减少裸露皮肤。

⑨适当地准备一些紧急处理药品,如碘伏、药棉、纱布、眼药水,清洗眼睛用的盐水和水枪,并根据实际需求配备和更新。

（3）常用的打磨材料

常用的打磨材料如图 5-53 所示。

①砂纸。

②砂条。

③砂轮。

④研磨膏。

⑤研磨砂。

⑥抛光百叶轮。

⑦粗、细什锦锉。

⑧型刀。

⑨研磨平台。

图 5-53　常用打磨材料

打磨用砂纸分:水砂纸、木砂纸、砂布、金相砂纸、专业砂纸等。这里主要介绍水砂纸,简称:砂纸。

砂纸的型号越大越细,越小越粗。一般为 30 号(或 30 目),60 号(60 目),120 号,180 号,240 号等。号(或目)是指磨料的粗细即每平方英寸的磨料数量,号越高,磨料越细,数量越多

（目数的含义是在 1 平方英寸的面积上筛网的孔数，也就是目数越高，筛孔越多，磨料就越细）。如每平方英寸面积上有 256 个眼，每一个眼就叫一目。目数越大，眼就越小。粗的砂纸为：120#、240#、360#；常用砂纸为：360#—2000#；精细打磨的砂纸为：800#—2000#—3000#。

砂纸表面所覆盖砂型材料，一般有天然磨料和人造磨料两大类。磨料的范围很广，从较软的民用去垢剂、宝石磨料到最硬的材料金刚石都有。

①天然磨料：天然刚玉、石英砂、滑石、长石、金刚石、矽石、黑矽石和白垩等。

②人造磨料有：是用工业方法炼制或合成的磨料，主要有刚玉、碳化硅、人造金刚石和立方氮化硼等，硬度由莫氏 5-10 材质都有。

③砂条、砂轮都是成型工具，粒度和外形大小比较俱面，可供挑选使用的范围比较大。

研磨平台用于对平面的检验和研磨。一般购买浮法玻璃，厚度在 12 mm。用浮法玻璃替代传统的检验平台，管理简单，费用低，其平面度足够满足手板行业的检测标准，并且可以随时更新，以满足技术要求。

5.4.4　打磨工艺

打磨工艺，一般是由粗打磨—中打磨—精细打磨—抛光四大部分组成。每一部分独有不同的工艺要求和目的。

（1）粗打磨

打磨工艺一般遵循由粗到细的过程。

根据打磨的技术要求选择不同粒度的砂纸、磨料，应先大后小，先粗后细。

初始工作时可以使用锉刀、电动工具做大型局部修整。

在确定了零件硬度以后，选用首次砂纸型号进行试打磨，如果初次打磨痕迹深度超过 0.02 mm，换用更高标号砂纸（如：第一次用 200#砂纸，不适合后应选用 360#砂纸）。

①零件材料软，砂纸型大号。

②零件表面粗糙度大，选用牌号小的砂纸。

③零件表面黏度大的，选用牌号小的大粒砂纸，以便排削。

④零件硬度高，选用硬度高、颗粒大的砂纸。

当遇见被磨物体的形状复杂多变时，应该灵活选用不同形状的靠板或磨具。

（2）中打磨

中打磨主要针对零件整体粗糙度的调整，加强局部要点的突出，针对性较强。600#—800#一般为中间选用的砂纸型号。

（3）精细打磨

在此工艺环节中要注意：

①控制零件整体的几何尺寸、平面、直角。

②统一表面光洁度。

③对特征、细节做到精准、精确。

④注意配合面的调节。

⑤注意零件变形。

⑥各种量具的熟练使用。

在最后的精细打磨阶段,随时随地要做到:

①勤量尺寸。

②勤配合零件。

③勤查粗糙度、漏点、面。

④勤看总体效果。

⑤勤清洗零件,保持零件的洁净度。

⑥保持双手干净。

⑦保持工作台面干净。

⑧保持打磨液和容器干净。

⑨保持工作服干净。

干式打磨特别注意控制粉尘,手板行业所使用的材料几乎涵盖现在所有的材料,请在安全保护好自己的同时,保护好环境。

(4)抛光

抛光指利用柔性抛光工具和磨粒颗粒或其他抛光介质对工件表面进行的修饰加工。一般对表面光洁程度要求较高时进行。

抛光不能提高工件的尺寸精度或几何形状精度,而是以得到光滑表面或镜面光泽为目的,有时也用以消除光泽(消光)。抛光通常以抛光轮作为抛光工具。抛光一般用多层帆布、毛毡或皮革叠制而成,两侧用金属圆板夹紧,其轮缘涂敷由微粉磨料和油脂等均匀混合而成的抛光剂。在使用砂纸时,应先用略粗的砂纸,而后循序渐进,逐渐用更细的砂纸。应用平整的油石或其他材质压着砂纸放平使用,保证被抛光表面平整。抛光方向不能一个方向直线抛下去,一般应以画圆的方式,从边上一点开始,慢慢的向里抛,速度一定要慢,两圆的直径越小越好,排列要紧密均匀,要勤换砂纸,防止砂纸磨透后,油石划伤表面,要有耐心。必要时,砂纸用到 2 000 目,用毡片加抛光膏可以抛成镜面。

抛光使用的耗材有抛光膏、抛光砂、抛光轮等。抛光使用的材料硬度不易过高,以免成本过高造成浪费。抛光使用的压力小于精细打磨,精细打磨压力要小于中间打磨,中间打磨压力要小于粗打磨。采用机械抛光时,应选用 1 500 目左右的氧化铝抛光布轮。在抛光前用细粒度(1 000 目左右)的氧化铝磨头或碳化硅橡皮轮对零件进行抛光前精磨。在抛光时注意对温度的控制,温度过热会造成树脂零件局部焦灼、变色、咬口、起层等表面损伤造成零件报废所以要控制好压力和磨擦产生的热量。

(5)机械、刀具辅助打磨

在处理尺寸边长 200 mm 以上的零件时,由纯手工进行打磨就显得有点效率降低。用手持式高速打磨机如图 5-54 所示可以帮助提高效率,实践证明,机械打磨的工效是手工的 2 ~ 3 倍。

在零件的粗、中打磨阶段,可利用机械设备来提高功效,但要控制磨前压力及磨削深度,有效地控制整体粗糙度分布场,选用合适的磨料粒度,采用机械+手工的结合,在零件抛光终了时,交出最佳合格产品。

图 5-54　手持式高速打磨机　　　　　　　　图 5-55　手工刀具

合理地使用刀具如图 5-55 所示可以在细节上表现零件的精巧之处,比如对字、纹路、清根等地方的处理,用刀具有着极大的优势。

5.4.5　模型打磨处理

针对模型有平面特征和曲面特征的打磨工艺处理技巧。下面案例利用湿打磨可以借助各种冷却液带走削磨残渣,以保证打磨效果及零件清洁。

(1)曲面打磨

对于曲面的打磨,不能用力过猛,需均匀打磨如图 5-56 所示。

(2)平面打磨

平面打磨需要保证平整度,使用打磨块进行打磨如图 5-57 所示。

图 5-56　曲面打磨　　　　　　　　　　　　图 5-57　平面打磨

项目 6

SLA 成型工艺

项目描述及案例引入

光固化成型工艺,是最早发展起来的快速成型技术。SLA 已经成为目前研究最深入、技术最成熟、应用最广泛的一种快速成形方法。它以光敏树脂为原料,通过计算机控制紫外激光使其凝固成形。这种方法能简捷、自动地制造出表面质量和尺寸精度高、几何形状复杂的原形。因此,需了解 SLA 技术原理,了解 SLA 设备结构,了解其他类型的 SLA 设备。

本项目还将讲解 SLA 技术的前处理流程以及相关软件的使用,在快速制造技术中,前处理非常重要,这关系到模型能否按照操作者意图打印出来。接着将讲解 SLA 打印件的后处理工艺、特殊后处理工艺。后处理工艺关系着打印件是否能够达到设计者的设计要求,最后对本项目的知识内容进行总结。

项目目标

能力目标

- 能够根据产品要求选择 SLA 成型技术。
- 能够辨识 SLA 设备结构。
- 能够进行 SLA 打印操作。
- 能够进行 SLA 打印前处理。
- 能够进行 SLA 打印件后处理。

知识目标

- 掌握 SLA 成型原理。
- 了解 SLA 的应用。
- 掌握 SLA 打印前处理知识。
- 掌握 SLA 打印后处理知识。
- 了解其他光固化成型技术。

任务 6.1　SLA 技术简介

6.1.1　SLA 成型工艺

SLA 工艺认知

（1）SLA 工作原理

光固化成型（Stereo Lithography Appearance,SLA）技术，主要是使用光敏树脂作为原材料，利用液态光敏树脂在紫外激光束照射下会快速固化的特性。光敏树脂一般为液态,它在一定波长的紫外光（250~400 nm）照射下立刻引起聚合反应,完成固化。SLA 通过特定波长与强度的紫外光聚焦到光固化材料表面,使之由点到线、由线到面的顺序凝固,从而完成一个层截面的绘制工作。这样层层叠加,完成一个三维实体的打印工作如图 6-1 所示。

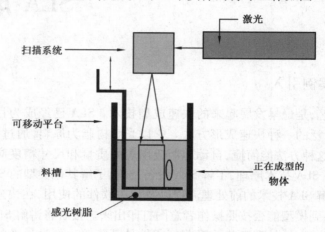

图 6-1　SLA 工作原理图

（2）具体成型过程

在树脂槽中盛满液态光敏树脂,可升降工作台处于液面下一个截面层厚的高度,聚焦后的激光束,在计算机控制下,按照截面轮廓要求,沿液面进行扫描,被扫描的区域树脂固化,从而得到该截面轮廓的树脂薄片。

升降工作台下降一个层厚距离,液体树脂再次暴露在光线下,再次扫描固化,如此重复,直到整个产品成型。

升降台升出液体树脂表面,取出工件,进行相关后处理。

（3）SLA 技术打印材料

1）光固化成型树脂的组成及固化机理

①基于光固化成型技术（SLA）的 3D 打印机耗材一般为液态光敏树脂,比如光敏环氧树脂、光敏乙烯醚、光敏丙烯树脂等。光敏树脂是一类在紫外线照射下借助光敏剂的作用能发生聚合并交联固化的树脂,主要由齐聚物、光引发剂、稀释剂组成。

②齐聚物是光敏树脂的主体,是一种含有不饱和官能团的基料,它的末端有可以聚合的活性基团,一旦有了活性种,就可以继续聚合长大,一经聚合,分子量上升极快,很快就可成为固体。

③光引发剂是激发光敏树脂交联反应的特殊基团,当受到特定波长的光子作用时,会变成具有高度活性的自由基团,作用于基料的高分子聚合物,使其产生交联反应,由原来的线状聚合物变为网状聚合物,从而呈现为固态。光引发剂的性能决定了光敏树脂的固化程度和固化速度。

④稀释剂是一种功能性单体,结构中含有不饱和双键,如乙烯基、烯丙基等,可以调节齐聚物的黏性,但不容易挥发,且可以参加聚合。稀释剂一般分为单官能度、双官能度和多官能度。

⑤当光敏树脂中的光引发剂被光源(特定波长的紫外光或激光)照射吸收能量时,会产生自由基或阳离子,自由基或阳离子使单体和活性齐聚物活化,从而发生交联反应而生成高分子固化物。

2)光固化成形材料的选择

①目前,常用光固化成形材料的牌号与性能如表 6-1 所示。

表 6-1　光敏聚合物牌号与性能

力学性能　　牌号	中等强度的聚苯乙烯(PS)	耐中等冲击的模注 ABS	CiBa-Geigy SL 5190	DSMSLR-800	DuPont SOMOS 6100	Allied Signal Exactomer 5201
抗拉强度/MPa	50.0	40.0	56.0	46.0	54.4	47.6
弹性模量/MPa	3 000	2 200	2 000	961	2 690	1 379

②SLA 型快速成形系统也采用一些树脂(见表 6-2)直接制作模具。这些材料在固化后有较高的硬度、耐磨性和制件精度,其价格较低。

表 6-2　光敏聚合物牌号与性能

性能　　牌号	Cibatool SL 5170	Cibatool SL 5180	HS671	HS672	HS673	HSXA-4	HS660	HS661	HS662	HS663	HS666
适用的激光	He-Cd	Ar	Ar	Ar	Ar	He-Cd	He-Cd	He-Cd	He-Cd	He-Cd	He-Cd
抗拉强度/MPa	59~60	55~65	29	48	67	35	60	41	37	12	6
弹性模量/MPa	2400~2500	2400~2600	2746	2648	3334	1863	3236	2354	2059	481	69

③此外,SLA 型快速成形还采用一些合成橡胶树脂(见表 6-3)作原材料,其中 SCR 310 在成形时有较小的翘曲变形。

表 6-3　合成橡胶树脂的牌号与性能

牌号	SCR 100	SCR 200	SCR 500	SCR 310	SCR 600
抗拉强度/MPa	31	59	59	39	32
弹性模量/GPa	5.2	5.4	1.6	5.2	5.1

3）光固化成型树脂需具备的特性

①粘度低，利于成型树脂较快流平，便于快速成型。

②固化收缩小，固化收缩导致零件变形、翘曲、开裂等，影响成型零件的精度，低收缩性树脂有利于成型出高精度零件。

③湿态强度高，较高的湿态强度可以保证后固化过程不产生变形、膨胀及层间剥离。

④溶涨小，湿态成型件在液态树脂中的溶涨造成零件尺寸偏大。

⑤杂质少，固化过程中没有气味、毒性小，有利于操作环境。

4）SLA 树脂的收缩变形

①树脂在固化过程中都会发生收缩，通常线收缩率约为3%。从高分子化学角度讲，光敏树脂的固化过程是从短的小分子体向长链大分子聚合体转变的过程，其分子结构发生很大变化，因此，固化过程中的收缩是必然的。

②从高分子物理学方面来解释，处于液体状态的小分子之间为范德华作用力距离，而固体态的聚合物，其结构单元之间处于共价键距离，共价键距离远小于范德华力的距离，所以液态预聚物固化变成固态聚合物时，必然会导致零件的体积收缩。

5）SLA 材料的发展

①SLA 复合材料。SLA 光固化树脂中加入纳米陶瓷粉末、短纤维等，可改变材料强度、耐热性能等，改变其用途，目前已经有可直接用作工具的光固化树脂。

②SLA 作为载体。SLA 光固化零件作为壳体，其中添加功能性材料，如生物活性物质，高温下，将 SLA 烧蚀，制造功能零件。

③其他特殊性能零件，如橡胶弹性材料。

（4）SLA 技术与 FDM 技术的区别

SLA 技术与 FDM 技术的区别见表 6-4 所示。

表 6-4　SLA 技术与 FDM 技术区别

名称	SLA	FDM
设备大小	体积较大	体积小
材料	液态光敏树脂	固态线材
成本	高	低
精度	高	一般
工作环境要求	温度和湿度要求高	室温
成型原理	激光固化	熔融挤出成型
后处理难度	烦琐	简单

（5）SLA 优缺点

在目前应用较多的几种 3D 打印技术中，SLA 由于具有成型过程自动化程度高、制作原型精度高、表面质量好以及能够实现比较精细的尺寸成型等特点，得到了较为广泛的应用。

1）SLA 优点

①是最早出现的快速原型制造工艺，成熟度高。

②由 CAD 数字模型直接制成原型，加工速度快，产品生产周期短，无须切削工具与模具。

③成型精度高（在 0.1 mm 左右）、表面质量好。

2）SLA 缺点

①SLA 系统造价高昂，使用和维护成本相对过高。

②工作环境要求苛刻。耗材为液态树脂，具有气味和毒性，需密闭，同时为防止提前发生聚合反应，需要避光保护。

③成型件多为树脂类，强度、硬度、耐热性有限，不利于长时间保存。

④软件系统操作复杂，入门困难。

⑤后处理相对烦琐。打印出的工件需用工业酒精和丙酮进行清洗，并进行二次固化。

（6）SLA 技术应用

SLA 由于具有加工速度快、成型精度高、表面质量好，技术成熟等优点，在概念设计、单件小批量精密铸造、产品模型及模具等方面被广泛应用于航空、汽车、消费品、电器及医疗等领域如图 6-2 所示。

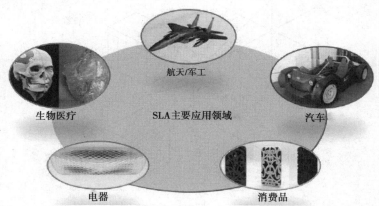

图 6-2　SLA 的应用

就目前来看，光固化成型（SLA）技术未来将向高速化、节能环保、微型化方向发展。随着加工精度的不断提高，SLA 将在生物、医药、微电子等方面得到更广泛的应用。

6.1.2　SLA 成型系统结构

iSLA450 是我国典型的光固化成型机如图 6-3 所示。其技术水平已基本达到国际同类产品的水平，且价格只有进口价格的 1/4 ~ 1/3，基本可以替代进口。

图 6-3　Lite600HD

SLA 系列三维打印机主要由成型室、操作及显示系统、光学系统、电气控制系统、光固化成型系统由液槽、可升降工作台、激光器、扫描系统和计算机数控系统等组成。

1）光路系统

①紫外激光器：快速成形所用的激光器大多是紫外光激光器。一种是传统的如氦镉（He-Cd）激光器，输出功率为 15~50 mV，输出波长为 325 nm，而氩离子（Argon）激光器的输出功率为 100~500 MW，输出波长为 351~365 nm。这两种激光器的输出是连续的，寿命约是 2 000 h。另一种是固体激光器，输出功率可达 500 mW 或更高，寿命可达 5 000 h，且更换激光二极管后可继续使用，相对于氦镉激光器而言，更换激光二极管的费用比更换气体激光管的费用要少得多。另外，激光以光斑模式出现，有利于聚焦，但由于固体激光器的输出是脉冲的，为了在高速扫描时不出现短线现象，必须尽量提高脉冲频率。综合来看，固体激光器是发展趋势。一般固体激光器激光束的光斑尺寸是 0.05~3.00 mm，激光位置精度可达 0.008 mm，重复精度可达 0.13 mm。

②激光束扫描装置：数控的激光束扫描装置有两种形式。一种是检流计驱动的扫描振镜方式，最高扫描速度可达 15 m/s，它适合于制造尺寸较小的高精度原形件；另一种是 X-Y 绘图仪方式，激光束在整个扫描过程中与树脂表面垂直，这种方式能获得高精度、大尺寸的样件如图 6-4 所示。

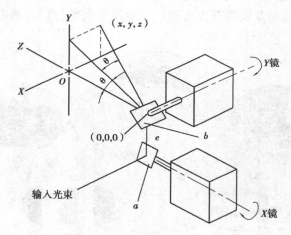

图 6-4　振镜扫描系统

2）树脂容器系统

①树脂容器：盛装液态树脂的容器由不锈钢制成，其尺寸大小取决于光固化成形系统设计的原形或零件的最大尺寸（通常为 20~200 L）。液态树脂是能够被紫外光感光固化的光敏性聚合物。

②升降工作台：带有许多小孔洞的可升降工作台在步进电机的驱动下能沿高度 Z 方向做往复运动。最小步距小于 0.02 mm，在 225 mm 的工作范围内位置精度达±0.05 mm。

3）液位调节系统

①Lite600 采用平衡块填充式液位控制原理如图 6-5 所示。由液位传感器、平衡块组成。液位传感器实时检测主槽中树脂液位高度，当 Z 轴上升下降移动时，必然引起主槽中液位变化，而平衡块则根据检测液位值结果控制自动下降或上升，以平衡液位波动，形成动态稳定平

衡,从而保持液位的稳定。

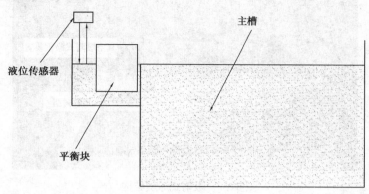

图 6-5　液位调节系统

②液位调节的作用是控制液位的稳定,液位稳定的作用:

A.保证激光到液面的距离不变,始终处于焦平面上。

B.保证每一层涂覆的树脂层厚一致。

4）涂覆系统

零件制作过程中,当前层扫描完成后,在扫描下一层之前需要重新涂覆一层树脂。涂覆装置主要功能是在已固化表面上重新涂覆一层树脂,并且辅助液面溜平。

由于光敏树脂材料的黏度较大,流动性较差,使得在每层照射固化之后,液面都很难在短时间内迅速溜平。因此大部分 SLA 设备都配有刮刀部件,在每次打印台下降后都通过刮刀进行刮切操作,便可以将树脂均匀地涂覆在下一叠层上。刮板的作用是将突起的树脂刮平,使树脂液面平滑,以保证涂层厚度均匀。采用刮板结构进行涂覆的另一个优点是可以刮除残留体积如图 6-6 所示。

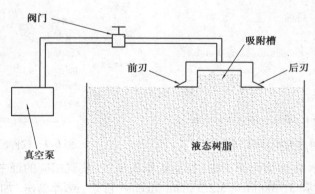

图 6-6　涂覆系统

光固化快速成形系统的吸附式涂层机构如图 6-7 所示。吸附式涂层机构在刮板静止时,液态树脂在表面张力的作用下充满吸附槽。当刮板进行涂挂运动时,吸附槽中的树脂会均匀涂覆到已固化的树脂表面。此外,涂覆机构中的前刃和后刃可以很好地消除树脂表面因为工作台升降等产生的气泡。

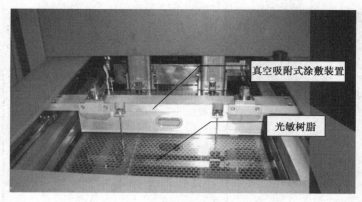

真空吸附式涂敷装置

光敏树脂

图 6-7　吸附式涂层结构

5）数控系统

数控系统主要由数据处理计算机和控制计算机组成。数据处理计算机主要是对 CAD 模型进行面型化处理输出适合光固化成形的文件（STL 格式文件），然后对模型定向切片。控制计算机主要用于 X-Y 扫描系统、Z 方向工作台上下运动和涂敷装置的控制。

6）软件系统

SLA 系列激光快速成型机出厂前已安装有 3DRapidise 3D 打印软件。开机后，在桌面上可以看到软件图标，双击可启动软件。

每台机器新安装软件后，首次启动软件时需加载证书。

①双击 3DRapidise_V5.2.5.exe 程序图标，弹出如图 6-8 所示对话框；

图 6-8　软件未授权界面

图 6-9　软件已授权界面

②将该界面拍照（机器编码需清晰）发给工作人员，以获取相应的证书文件；

③将证书文件放到 3DRapidise 5.2.5\data\license 目录，或者单击"加载证书"按钮，选择相应文件加载，此时界面显示"软件已授权"，如图 6-9 所示，然后单击"保存证书"；

④关闭该窗口，重新启动软件即可。

6.1.3　约束液面式结构 SLA 打印机

（1）简介

在 SLA 技术中，光源都是位于树脂槽上方（Top），每固化一层，打印平台会向下移动（down），所以称为 Top down 结构，也称为自由液面式结构。在这种结构中，固化发生在光敏树脂和空气的界面上,所以如果使用丙烯酸类树脂,就可能有强烈的氧阻聚效应,导致打印失败。同时,由于固化发生在光敏树脂的液面,所以打印高度与树脂槽深度有关,打印件越高,就需要树脂深度越高。每次打印时,所需要的树脂远多于最终固化的树脂。这样可能造成浪费,也给更换不同种类的树脂带来了不便。自由液面式结构的 SLA 打印机一般都需要加装液面控制系统,成本较高。

约束液面式(Bottom up)结构是基于自由液面式(Top down)结构的改进。Formlabs 工业级工精度桌面式 SLA 光敏树脂 3D 打印机如图 6-10 所示。在这种结构中,光源从树脂槽下方往上照射,固化由底部开始。每层加工完之后,工作台向上移动一层高度,重力可以使光敏树脂流动,这样就不需要再使用刮刀涂覆了。所以每次打印时,所需要的树脂只需略多于最终固化的树脂,降低了成本,制作时间有较大缩短,如图 6-11 所示。

图 6-10 Formlabs 设备

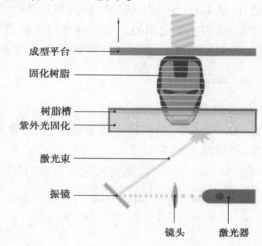

图 6-11 Formlabs 工作原理

（2）应用领域

自由液面式结构 SLA 打印机因其体积较小,可放置在办公室,所以在牙科、珠宝、手办、研发领域、概念设计、教育行业具有应用,如图 6-12 所示。

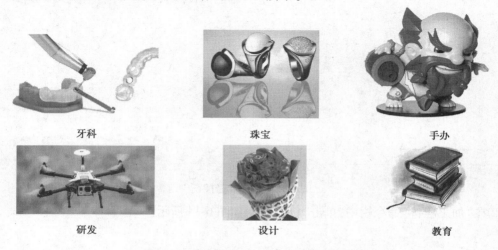

牙科　　　　　　　珠宝　　　　　　　手办

研发　　　　　　　设计　　　　　　　教育

图 6-12 自由液面式结构 SLA 打印机应用

任务 6.2　Magics 软件简介

6.2.1　Magics 软件介绍

Magics 是专业处理 STL 文件的,具有功能强大、易用、高效等优点,是从事 3D 打印行业必不可少的软件,常用于零件摆放、模型修复、添加支撑、切片等环节。

由于 STL 模型结构简单,没有几何拓扑结构的要求,缺少几何拓扑上要求的健壮性,同时也是由于一些三维造型软件在三角形网格算法上的缺陷,以至于不能正确描述模型的表面。

据统计,从 CAD 到 STL 转换时会有将近 70% 文件存在各种不同的错误。如果对这些问题不做处理,会影响到后面的切片处理和扫描处理等环节,产生严重的后果。

所以,一般先对 STL 文件进行检测和修复,然后再进行切片和打印。

6.2.2　平台创建

(1)创建机器平台

在 Magics 软件中,对模型进行加支撑前,需导入一个平台文件,这个平台文件与打印的设备要对应,具体操作如下。

①双击 Magics 21 软件,进行入软件界面,如图 6-13 所示。

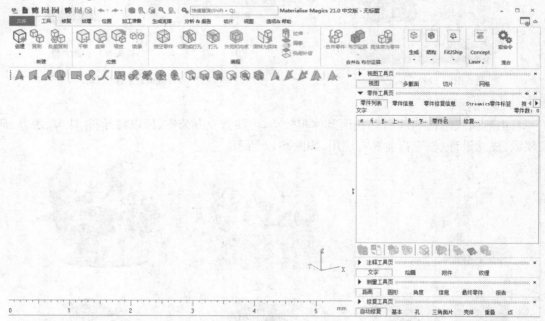

图 6-13　启动准备按钮

②在"加工准备"命令栏中,单击"机器库",如图 6-14 所示。

图 6-14　文件加载

③在弹出的命令框中，单击右方的添加机器，如图 6-15 所示。

图 6-15　机器库

④双击 mm-setings，选择设备型号，如图 6-16 所示。

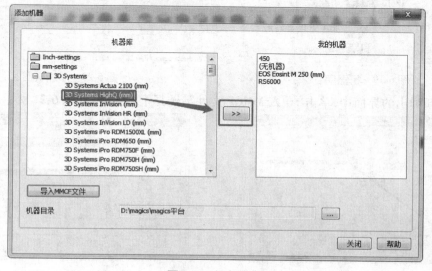

图 6-16　添加设备

⑤修改平台参数。

单击机器库对应的设备名称选择"编辑参数",如图 6-17 所示,进入机器属性界面,如图 6.18 所示。

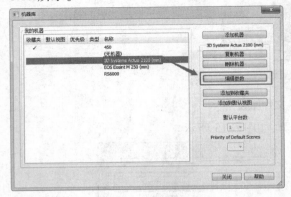

图 6-17　编辑机器库　　　　　　　　　图 6-18　机器参数设置

（2）导入机器平台

创建一个机器平台操作难度较大,要设置非常多的参数,所以我们可以用导入已有的机器平台方式,快速创建出一个平台数据,操作如下:

①在"加工准备"栏里单击"机器库",如图 6-19 所示。

②在弹出的界面中,单击"添加机器",如图 6-20 所示。

图 6-19　机器库　　　　　　　　　　　图 6-20　添加机器

③在新弹出的界面中,单击"导入 MMCF 文件",选择平台文件,如图 6-21 所示。

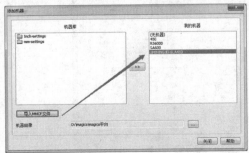

图 6-21　导入 MMCF 文件　　　　　　　图 6-22　选择机器

④此时软件已导入了平台数据文件,点"新平台"命令,即可在弹出的对话框中,选择刚刚导入的平台数据,如图 6-22 所示。

（3）保存机器平台

若没有 MMCF 文件时,我们可以通过保存机器平台的方式,将平台数据保存到软件中,操作如下:

①选择一台有平台数据的电脑,将平台数据以"导出平台"的方式,进行数据导出。

②用 Magics 打开一个包含了平台数据的文件。

③在"加工准备"中单击"机器属性",如图 6-23 所示。

图 6-23　机器属性

④单击"机器库"前面的方框,再单击"应用",如图 6-24 所示。

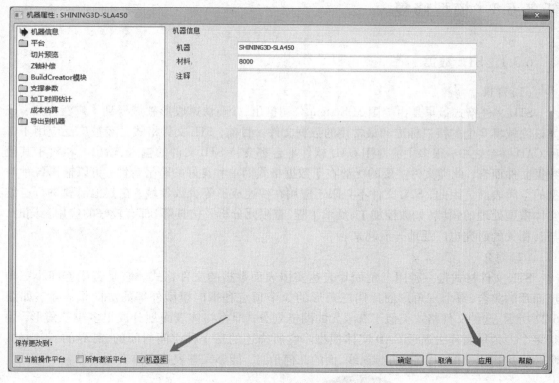

图 6-24　机器属性对话框

⑤重启软件,在"加工准备"中单击"新平台",选择平台,即可导入平台数据。

6.2.3　实体创建

在 Magics 软件中,可以直接创建简单的几何体（图 6-25）,只需要选择好左侧的几何图形,再设置好相应参数,即可快速创建出几何实体,如图 6-26 所示。

图 6-25 创建

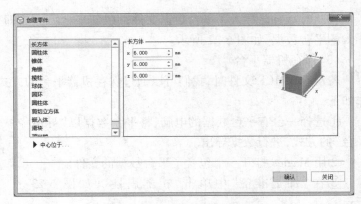

图 6-26 创建零件参数框

任务 6.3　模型修复

6.3.1　STL 数据

（1）背景

STL 文件格式最早是由美国 3DSystem 公司推出，并在快速成形领域得到了广泛应用，成为该领域事实上的接口标准和最常用的数据文件。目前，STL 文件格式已经被广泛应用于各种 CAD 平台之中，很多主流商用 CAD 软件平台都支持 STL 文件的输入、输出。相对于其他数据文件而言，此类文件主要的优势在于数据格式简单和良好的跨平台性，可以输出各种类型的空间表面。因此，STL 文件不只限于应用在快速成形等少数领域，在其他需要进行三维实体模型处理的领域（如数控加工、反求工程、有限元分析及仿真等）都有较好的应用。同时，与其相关的研究也广泛地开展起来。

（2）简介

STL 文件格式是一种用三角面片表达实体表面数据的文件格式。它是若干空间小三角形面片的集合，每个三角形面片用三角形的 3 个顶点和指向模型外部的法向量表示，如图 6-27 所示。这种文件格式类似于有限元的网格划分，即将物体表面划分成很多小三角形，用很多个三角形面片去逼近 CAD 实体模型。它所描述的是一种空间封闭的、有界的、正则的、唯一表达物体的模型，它包含点、线、面的几何信息，能够完整表达实体表面信息。

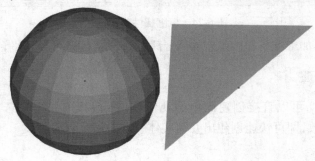

图 6-27　三角面片

按照数据储存形式的不同,STL 文件可以分为 Binary 和 ASCII 码两种形式。为了保证 STL 文件的通用性,这两种文件格式均只保存实体名称、三角面片个数、每个三角形的法矢量以及顶点坐标值这四大类信息,而且两种格式之间可以互相转换而不丢失任何信息。Binary 格式文件以二进制形式储存信息,具有文件小(只有 ASCII 码格式文件的 1/5 左右)、读入处理快等特点;ASCII 码格式文件则具有阅读和改动方便,信息表达直观等特点。因此,两者都是目前使用较为广泛的文件格式。

6.3.2　分析损坏的 STL 文件

(1)Magics 软件简介

Magics RP 是比利时 Materialise 公司开发的、完全针对 3D 打印工序特征的软件。Magics 为处理 STL 文件提供了理想的、完美的解决方案,具有功能强大、易用、高效等优点,是从事 3D 打印行业必不可少的软件。在 3D 打印行业,Magics 常用于零件摆放、模型修复、添加支撑、切片等环节。

模型破损类型

由于 STL 文件结构简单,没有几何拓扑结构的要求,缺少几何拓扑上要求的健壮性,同时也是由于一些三维造型软件在三角形网格算法上的缺陷,因此不能正确描述模型的表面。据统计,从 CAD 到 STL 转换时会有将近 70% 文件存在各种不同的错误。如果对这些问题不做处理,会影响到后面的分层处理和扫描处理等环节,产生严重的后果。所以,一般都有对 STL 文件进行检测和修复,然后再进行分层和打印。

(2)SLT 模型中常见的错误类型

1)法向错误

三角形的顶点次序与三角形面片的法向量不满足右手规则。这主要是由于生成 STL 文件时顶点顺序的混乱导致外法向量计算错误。这种错误不会造成以后的切片和零件制作的失败,但是为了保持三维模型的完整性,我们必须加以修复,如图 6-28 所示。

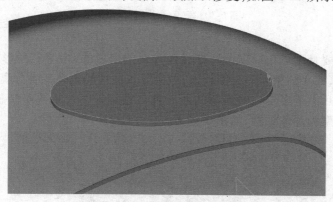

图 6-28　三角面片法向错误

在 Magics 软件中,被诊断出法向错误的三角面片显示为红色。修复时反转有问题的三角面片即可,注意标记工具的运用,以提高模型修复的效率。

2)孔洞

这主要是由于三角面片的丢失引起的。当 CAD 模型的表面有较大曲率的曲面相交时,在曲面相交部分会出现丢失三角面片而造成孔洞。孔洞在 Magics 中显示为红色,注意和法向错误区分。在 Magics 中,孔洞修复通过添加新的面片以填补缺失的区域,如图 6-29 所示。

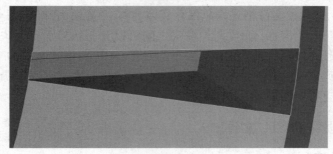

图 6-29　三角面片孔洞错误

3)缝隙

通常由于顶点不重合引起的,在 Magics 上通常以一条黄色的线显示。缝隙和孔洞都可以看作三角面片缺失产生的。但对于裂缝,修复通常是移动点将其合并在一起,如图 6-30 所示。

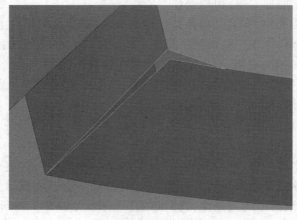

图 6-30　三角面片缝隙错误

4)片体重叠

重叠面错误主要是由三角形顶点计算时舍入误差造成的,由于三角形的顶点在 3D 空间中以浮点数表示的,如果圆整误差范围较大,就会导致面片的重叠或者分离。

一个完整的面片上若多出一些多余的面片且与完好的面片重叠旋转视图可以看到重叠的效果这种破损类型为片体重叠,如图 6-31 所示。

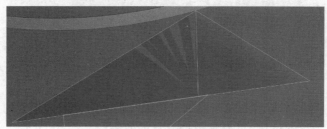

图 6-31　三角面片片体重叠错误

片体重叠时可以看到面片颜色交错只需删除多余面片便可修复此类问题。

5）多余的壳体

壳体的定义是一组相互正确连接的三角形的有限集合。一个正确的 STL 模型通常只有一个壳。存在多个壳体通常是由于零件块造型时没有进行布尔运算，结构与结构之间存在分割面引起的，如图 6-32 所示。

图 6-32   三角面片多余壳体错误

STL 文件可能存在由非常少的面片组成、表面积和体积为零的干扰壳体。这些壳体没有几何意义，可以直接删除。

6）错误轮廓

在 STL 格式中，每一个三角面片与周围的三角面片都应该保持良好的连接。如果某个连接处出了问题，这个边界称为错误轮廓，并用黄线标示，一组错误边界构成错误轮廓。错误轮廓在 Magics 上以黄色的线表示。面片法向错误、缝隙、孔洞、重叠都会引发错误的轮廓，对不同位置的错误确定坏边原因，找到合适的修复方法，如图 6-33 所示。

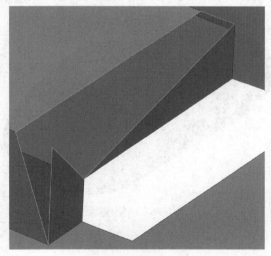

图 6-33   三角面片轮廓错误

7）片体相交

片体相交与片体重叠很相似，不同点在于直接删除相交片体无法完全修复成功，如图 6-34 所示。

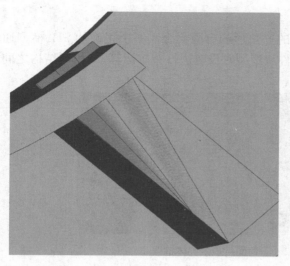

图 6-34　三角面片片体相交错误　　　　　图 6-35　三角面片片体错误

8）片体

模型特征是具有厚度的，若模型的特征没有厚度只是一个面片，这种破损类型称为片体，如图 6-35 所示。

6.3.3　STL 文件修复技巧

通过 Magics 软件分析缺损数据鼠标下壳，如图 6-36 所示，具体操作情况如下。

模型手动修复

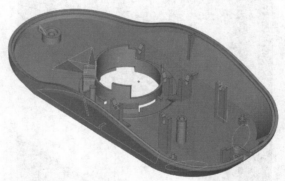

图 6-36　破损模型

（1）法向错误

1）启动软件

启动 Magics 软件，导入鼠标下壳数据，按 F5 或者 F6 标记目标面片，如图 6-37 所示。

图 6-37　Magics 标记命令栏

2）修复

在修复工具页中，单击基本→反转标记，如图 6-38 所示。

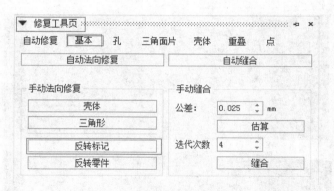

图 6-38　Magics 反转标记

3）修复

修复效果如图 6-39 所示。

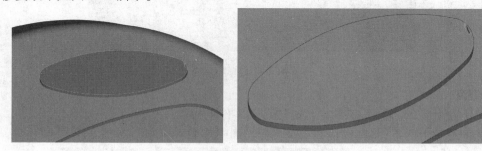

图 6-39　法向错误修复完成

（2）孔洞

①在修复工具页中，单击孔→补洞模式，如图 6-40 所示。

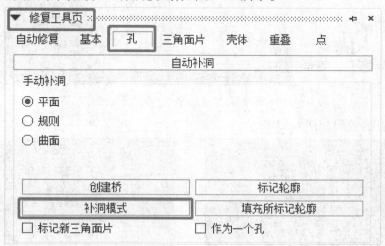

图 6-40　启动补洞模式

②单击需要修补的孔洞，效果如图 6-41 所示。

图 6-41 孔洞修复完成

（3）缝隙

①单击左上方的"修复"工具栏，选择"移动零件上的点"。

②选择缝隙上的点，将其直接拖动至目标点如图 6-42 所示。

图 6-42 启动"移动零件上的点"命令

③缝隙修补的效果如图 6-43 所示。

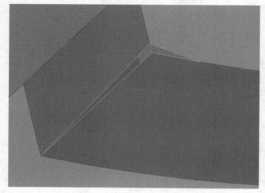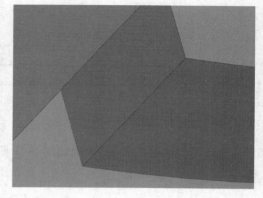

图 6-43 缝隙修复完成

（4）片体重叠

①按 F5 或者 F6 标记重叠的三角面片。

②按键盘上的 Delete 健，删除面片如图 6-44 所示。

图 6-44　片体重叠修复完成

（5）多余的壳体

①修复。按 Ctrl+F 打开修复向导，单击壳体→更新→选择目标壳体→删除选择壳体如图 6-45 所示。

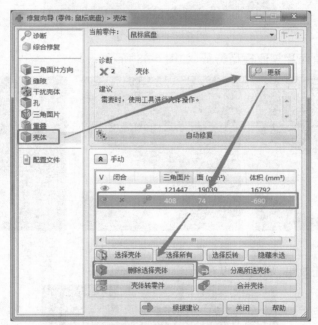

图 6-45　修复向导

②多余的壳体删除的效果如图 6-46 所示。

图 6-46　修复完成

（6）错误轮廓

①先分析模型设计时原本的形状，如图 6-47 所示。

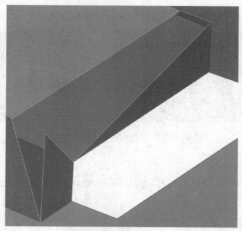

图 6-47　错误轮廓

②通过添加三角面片复原模型特征，如图 6-48 所示。

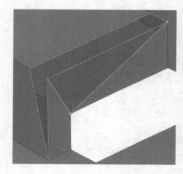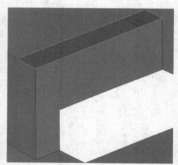

图 6-48　错误轮廓修复过程

③复原模型特征效果，如图 6-49 所示。

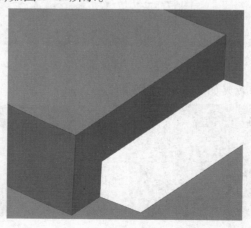

图 6-49　错误轮廓修复完成

6.3.4　其他模型修复软件

目前主流的模型数据修复软件处理 Magics,还有 Autodesk Meshmixer、Autodesk Netfabb、MeshLab 等修复软件。

（1）Autodesk Meshmixer

Meshmixer 是 Autodesk 公司出品的 123d 系列之中的一款针对 stl 编辑及 3D 打印的软件,它给了设计者很大的自由度,可以完美导入、编辑、修改和绘制各种 3D 模型,而且简单易上手。

Meshmixer 具备自动修复功能,如携带有间隙、孔洞等问题,使用自动修复功能即可修复,如图 6-50 所示。

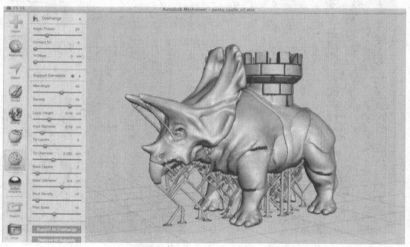

图 6-50　Autodesk Meshmixer 软件

（2）Autodesk Netfabb

Autodesk Netfabb 是由欧特克推出的一款专业 3D 打印模型修复软件,它的界面比 Magics 简单,有非常不错的自动检测和自动修复功能,Netfabb 是 STL 修复中最全面的解决方案。Netfabb 具有观察、编辑、修复、分析 STL 文件的功能。同样可以自动修复,如图 6-51 所示。

图 6-51　Autodesk Netfabb 软件

（3）MeshLab

MeshLab 是意大利的一款软件，是一个开源和可扩展的系统，用于处理非结构化编辑的 3D 三角形网格，为编辑提供一套工具；清洗、修复、检查、渲染和转换这种类型的网格，如图 6-52 所示。

图 6-52　MeshLab 软件界面

任务 6.4　模型修改

6.4.1　模型修改

模型修改（上）　　模型修改（下）

（1）尺寸大小查看

模型导入进软件后，需查看零件大小，可在"分析 & 报告"栏中，单击零件尺寸，查看零件整体大小，如图 6-53 所示。经测量，零件最大尺寸为 7.1 mm，如图 6-54 所示。此时零件明显偏小，需要对零件进行缩放处理。

零件尺寸　重心　测量点到点的距离　测量厚度　添加实际测量值　测量质量

测量

图 6-53　零件尺寸

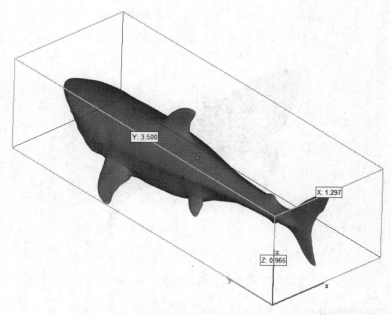

图 6-54　零件最大尺寸

（2）缩放

在"工具"栏中，单击"缩放"命令，如图 6-55 所示。激活该命令后，将弹出一个参考框，如图 6-56 所示。在参数框中，我们可以通过输入"结果尺寸"中的 Y 轴数据，直接将模型 Y 方向放大到 150 mm，然后单击应用。零件缩放好后，如图 6-57 所示。

图 6-55　缩放

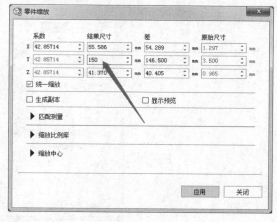

图 6-56　零件缩放参数框

281

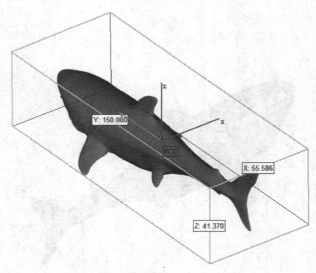

图 6-57　模型缩放完成

6.4.2　装配结构设置

（1）切割

在"工具"栏中，单击"切割或打孔"命令，如图 6-58 所示。此时会弹出一个参数栏，如图 6-59所示。在弹出的参数栏中，单击"绘制多段线"，此时鼠标光标图形将发生改变，单击切割位置上的一点，然后按"Alt"键，再单击下方的一点，从而绘制出一条垂直的线段。单击鼠标右键，在弹出的窗口中，单击"切割"，模型将切割为两个零件，如图 6-60 所示。

图 6-58　切割或打孔

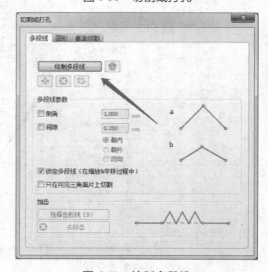

图 6-59　绘制多段线

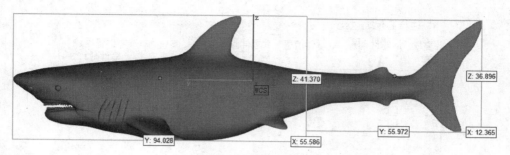

图 6-60　模型切割完成

（2）创建方块

单击"工具"栏中的"创建"命令，如图 6-61 所示。在弹出的对话框中，选择长方体，尺寸设置为 6 mm×6 mm×6 mm，如图 6-62 所示。

图 6-61　创建

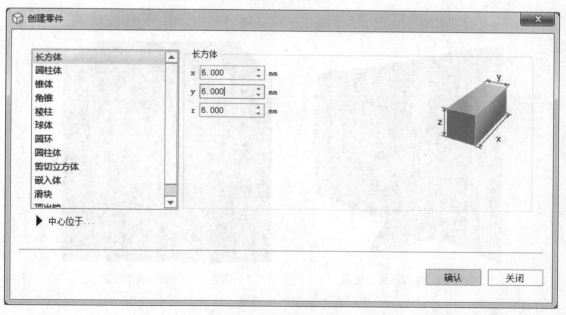

图 6-62　创建零件参数栏

（3）定位

1）隐藏零件

方块创建完成后，在"注释工具页"中，单击"零件列表"，对应的眼睛图标，将鲨鱼的尾巴进行隐藏，如图 6-63 所示。

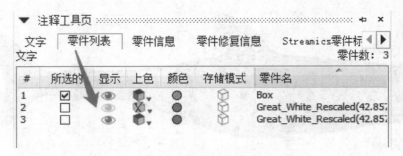

图 6-63　隐藏零件

2）移动

单击"视图工具页"中的左视图，如图 6-64 所示，将视图切换到左视图中，然后按键盘上的"F3"，启动"选择并放置零件"命令，单击方块，将方块移动到合适的位置，如图 6-65 所示，再切换到前视图，最后把方块移动到截面中间，如图 6-66 所示。

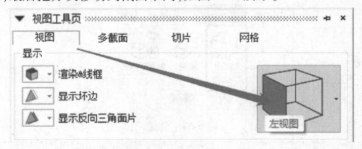

图 6-64　左视图

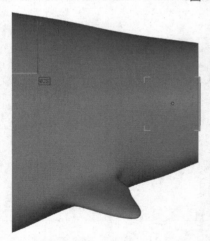

图 6-65　左视图模型位置

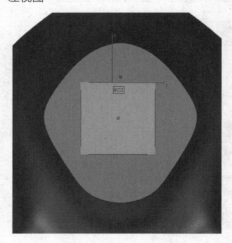

图 6-66　前视图模型位置

图 6-67　布尔运算

（4）布尔运算

1）求差

框选鲨鱼模型的头部与方块，单击"布尔运算"命令，如图 6-67 所示，在弹出的对话框中，设置好参数，如图 6-68 所示，单击确定，求差运算完成。

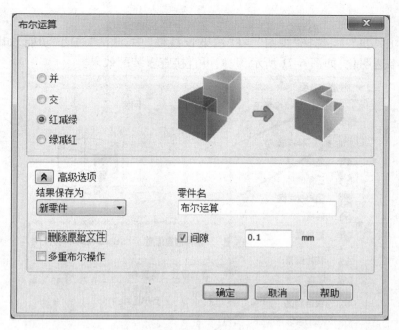

图 6-68　红减绿

2）删除源文件

求差运算完成后,鲨鱼头部源文件没有删除掉,此时要选择未求差的鲨鱼头部零件,按键盘上的"Ctrl+U"进行删除。

3）求和

将鲨鱼尾巴零件显示出来,把鲨鱼尾巴与方块进行求和运算,参数设置如图 6-69 所示。

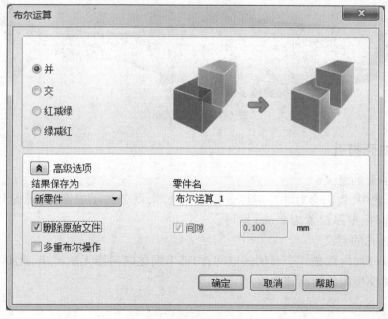

图 6-69　求和运算

4）查看

在"视图工具页"中，选择"视图"，在"渲染 & 线框"中，激活"透明"功能，如图 6-70 所示，此时，模型将半透明化，如图 6-71 所示，我们可直接查看装配效果。

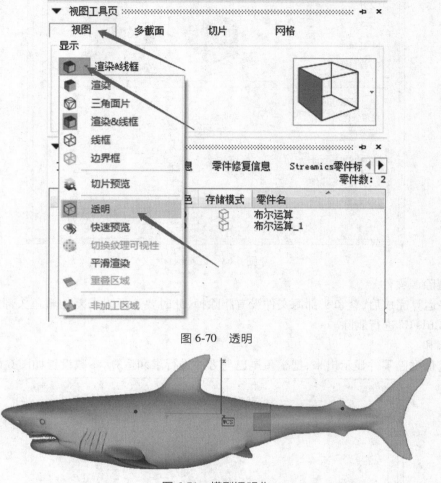

图 6-70　透明

图 6-71　模型透明化

6.4.3　抽壳打孔

（1）模型抽壳的意义

在 SLA 工艺中，我们会对非功能件进行抽壳处理，既节约了成本，又可提升打印速度，一般来说，非功能件，壁厚设置为 2 mm 即可。

（2）模型打孔的意义

模型抽壳好后，内部是一个封闭的空间，内部未固化的树脂无法流出，此时我们就需要在模型上打孔，使模型内的树脂流出来。

（3）操作流程

1）抽壳

在"工具"栏中，单击"镂空零件"，如图 6-72 所示。在弹出的参数栏中，设置好参数，如图 6-73 所示，单击"确定"，抽壳完成。

图 6-72　镂空零件

图 6-73　抽壳零件参数框

2）打孔

在"工具"栏中，单击"打孔"命令，如图 6-74 所示；在弹出的参数栏中，设置好参数，如图 6-75 所示；单击"添加"，选择装配面打孔，如图 6-76 所示；单击"应用"，模型打孔完成，如图 6.77 所示。

图 6-74　打孔

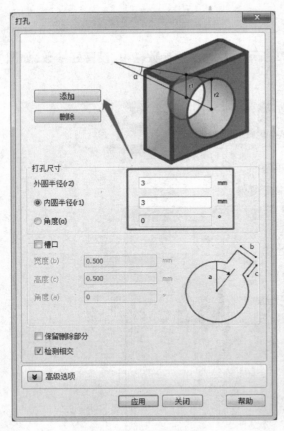

图 6-75　打孔参数框

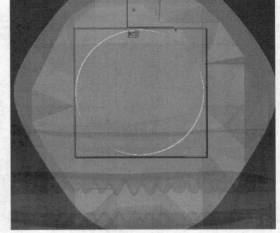

图 6-76　选择打孔位置

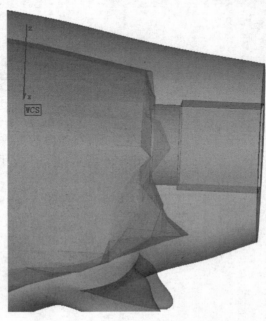

图 6-77　打孔完成

任务 6.5　支撑加载与导出

6.5.1　软件简介

（1）模型数据前处理概述

在利用 3D 打印制作模型前，先必须将用户所需的零件设计出 CAD 模型，再将 CAD 模型转换成 3D 打印机能够识别的数据格式，最终通过控制软件控制设备的加工运行，具体的 3D 打印制作流程如图 6-78 所示。模型的设计可以利用现在广泛应用在设计领域的三维设计软件，如 UG、SolidWorks、Pro/E、Rhino、3DMaxFreeFrom 等生成。如果已有设计好的油泥模型或现有零件需要仿制，可以通过逆向工程扫描完成 CAD 模型。

3D 打印设备可直接根据用户提供的 STL 文件进行制造。用户可使用能输出 STL 文件的 CAD 设计系统进行 CAD 三维实体造型，其输出的 STL 面片文件可作为 3D 打印设备软件输入文件数据处理软件接收 STL 文件后，进行零件制作大小、方向的确定，对 STL 文件分层、支撑设计、生成光固化成型机的加工数据文件激光快速成型控制软件根据此文件进行加工制作，如图 6-78 所示。

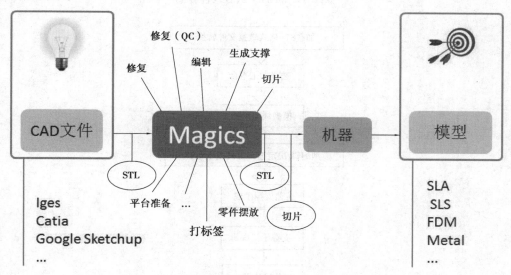

图 6-78　3D 打印制作流程

（2）软件概貌及构成

Magics 21.0 数据处理软件界面如图 6-79 所示。界面主要包括文件工具栏、视图操作/显示工具栏。

从程序的使用功能上，主要分为以下三个模块：

①模型模块：主要包括模型修复、摆放、定向、旋转等。

②支撑模块：主要包括添加支撑、修改支撑等。

③分层模块：见图 6-80。

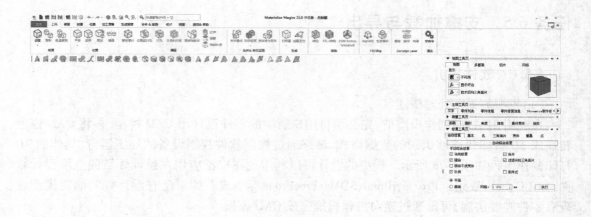

图 6-79　Magics 21.0 软件界面

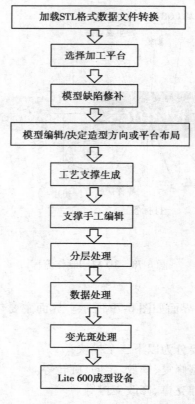

图 6-80　软件操作流程

6.5.2　创建机器平台及模型加载

切片导出

在成型设备上进行模型制作之前,根据 3D 打印工艺要求,需要对 STL 格式的数据文件模型布局、支撑生成和模型分层等处理。Magics 21 软件为了便于用户进行条件设定和管理,进行了有限的封装。

（1）创建机器平台,具体操作如下

①双击 Magics 21 软件,进行入软件界面,如图 6-81 所示。

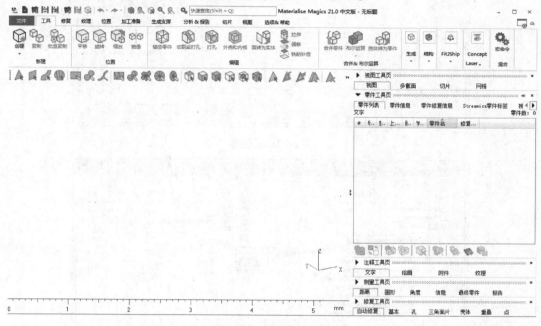

图 6-81　启动准备按钮

②在"加工准备"命令栏中,点击"机器库",如图 6-82 所示。

图 6-82　文件加载

③在弹出的命令框中,选择"添加机器",如图 6-83 所示。

④双击 mm-setings,选择设备型号,如图 6-84 所示。

⑤修改平台参数。

单击机器库对应的设备名称,选择"编辑参数",如图 6-85 所示。进入机器属性界面,如图6-86 所示。

图 6-83　机器库

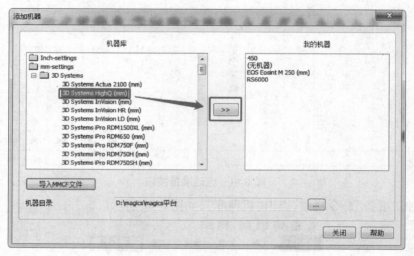

图 6-84　添加设备

图 6-85　编辑机器库　　　　　　　　图 6-86　机器参数设置

（2）模型加载

单击打开"STL 文件"或单击"文件"菜单下的"加载"选项，如图 6-87 所示。加载完成后如图 6-88 所示。

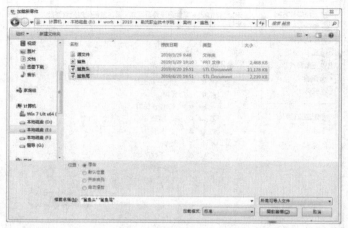

图 6-87　加载零件对话框

图 6-88　零件加载成功

6.5.3　模型缺陷修复

（1）模型缺陷原因

出于 CAD 设计人员的操作不当和数据转换为 stl 格式过程中的数据丢失等原因，三角面片数据有可能存在各种缺陷。这时可以采用三维模型修复工具对其进行修复。

（2）修复流程

1）启动修复向导

选择模型，单击"修复向导"，如图 6-89 所示。

2）模型检查

图 6-89　修复向导命令

在"修复向导"属性中单击"更新"诊断信息会出现绿色

"√"，证明修复完成；如果出现红色"×"，需进入诊断错误项进行修复，如图 6-90 所示。

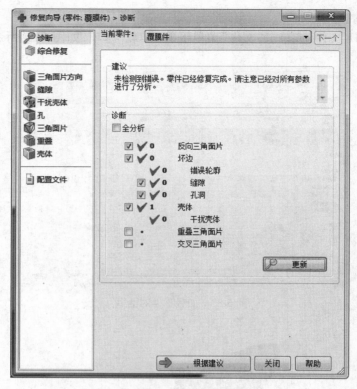

图 6-90　修复向导属性

6.5.4　成型方向或平台布局的确定方法

（1）成型的方向确定

在进行 3D 打印时，为了方便后期处理，模型上的支撑需尽可能少，或者是为了得到更好的曲面制作效果，需要改变模型的默认方位。

在"工具"栏中，启动"选择并放置零件"命令，如图 6-91 所示，对模型成型角度进行调整，调整到一个合适的位置。

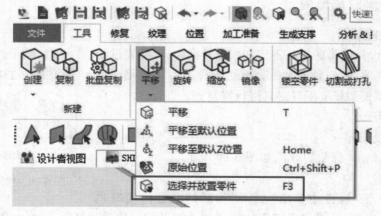

图 6-91　选择并放置零件

（2）平台布局

在 3D 打印时，往往会一次加载多个模型同时制作，这时就需要根据 3D 打印模型进行布局、安排，避免多个模型叠加在一起。

在"位置"命令栏中，单击"自动摆放"命令，如图 6-92 所示。将模型移动到合适的位置，如图 6-93 所示。

图 6-92　自动摆放命令

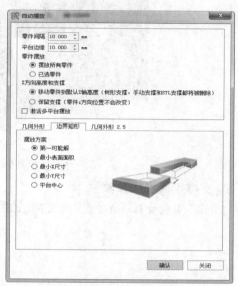

图 6-93　自动摆放属性框

6.5.5　生成支撑

（1）支撑类型

Magics 软件中支撑类型有块、线、点、网状、轮廓、肋状、综合、体积、锥形、树状、混合，共 11 种支撑类型，其中较为常用的有块、点、线支撑。

（2）常用支撑特点

1）块支撑

块支撑是最常用的支撑类型，特点是成型容易、易剥离、支撑痕容易去除，如图 6-94 所示。

图 6-94　块支撑

图 6-95　点支撑

2）点支撑

点支撑通常用于大平板件上，特点是可以将模型牢牢固定住，但不易剥离，支撑痕较难去除，如图 6-95 所示。

3）线支撑

线支撑用于底面特征较窄，或为锐边的模型，易剥离，支撑痕容易去除，不适合面积较大的特征，如图 6-96 所示。

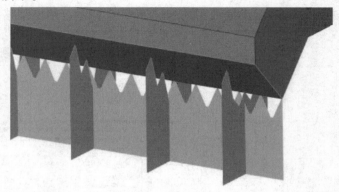

图 6-96　线支撑

（3）支撑生成操作步骤

①单击"生成支撑"命令，生成支撑，如图 6-97 所示。

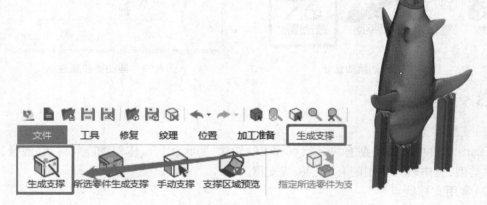

图 6-97　模型自动生成支撑效果

②可在右侧支撑工具命令栏查看支撑参数，如图 6-98 所示。

支撑列表		面信息		零件信息		
ID	类型	T	最小...	最小...	在零...	面配... 币
1						
2	点	7...	220...	141...	否(N)	默认
3	无	45	223...	145...	否(N)	默认
4	无	2	224...	137...	否(N)	默认
5	无	4...	219...	143...	否(N)	默认
6	点	3...	223...	153...	否(N)	默认
7	点	1...	221...	143...	否(N)	默认
8	点	1...	206...	134...	否(N)	默认

图 6-98　支撑工具页面

6.5.6　支撑优化

（1）支撑修改

在"支撑工具页中"单击鼠标右键,在弹出的选项中,单击"选择所有",如图 6-99 所示。

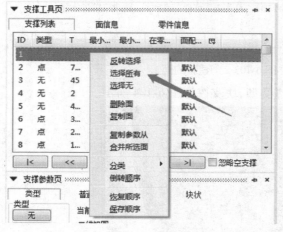

图 6-99　选择所有支撑

图 6-100　块状支撑

然后单击"支撑参数页"中的"块状"支撑,将所有支撑全部改为块状支撑,修改好后,支撑如图 6-100 所示。

（2）支撑删除

对一些不要的支撑,可以通过启动"选择多线段"命令,如图 6-101 所示。单击不需要的支撑,再单击"支撑参数页"中的"无",把支撑删除。

图 6-101　选择多线段

（3）添加支撑形状

①在需要额外增加支撑的区域,单击标记命令栏中的"自由形状标记"命令,绘制要生成支撑的面如图 6-102 所示。

图 6-102　自由形状标记

②面片标记好后,单击"创建新的面",如图 6-103 所示。

图 6-103　创建新的面

③在右侧支撑参数页中选择支撑类型，块支撑如图 6-104 所示。

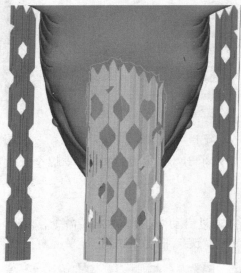

图 6-104　标记面片支撑生成

（4）支撑预览

在右侧视图工具页中，调整好参数，"步"设置为 0.1，如图 6-105 所示，拖动预览条进行打印预览，如图 6-106 所示。

激活	类型	剖视	颜色	位置	步
☐	X∨		●	195.316	1.000
☐	Y∨		●	225.887	1.000
☑	Z∨		●	6.000	0.100
☐	X∨		●	195.316	1.000
☐	Y∨		●	225.887	1.000

图 6-105　设置支撑预览　　　　　图 6-106　支撑预览效果

（5）退出支撑环境

支撑设置好后，选择退出支撑生成界面按"退出 SG"图标，退出支撑环境，如图 6-107 所示。

图 6-107　退出 SG

6.5.7　数据输出

支撑加载完成后，我们在"加工准备"中，单击"导出平台"，如图 6-108 所示，此时会弹出一个界面，如图 6-109 所示，单击"浏览"，选择一个空白的文件夹存放切片数据，然后单击"导出"，打印数据便导出完成了。

图 6-108　导出平台

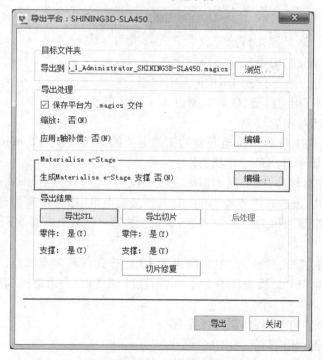

图 6-109　导出平台对话框

任务 6.6　设备操作

6.6.1　设备启动及关停

（1）设备启动及关停

激光器控制面板启动及关停如图 6-110、图 6-112 所示。

①开启电源总开关：顺时针旋转为通电。

②开启电气板空气开关：向上扳为通电。

③激光器开启。

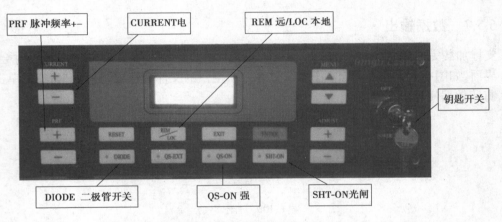

图 6-110　激光器控制面板启动

a.旋转钥匙开关，激光器在自检完成后进入待机调节状态。

b.按 REM/LOC 按键，切换到手动操作模式。

c.按 DIODE 按键，相应灯亮，DIODE 上电状态。

d.按 QS-ON 按键，相应灯亮，Q 驱动器进入工作状态。

e.按 SHT-ON 按键，相应灯亮。

f.按 CURRENT 向上键加电流至需要的工作电流的 2/3 处预热 5 min，再加到工作 电流，出光后预热 20 min 功率可达最稳定状态。

④开启 PC 及控制软件：按下显示器侧面电源按钮，等待开机后，双击控制软件图标。

⑤功能模块上电：单击软件界面上的"电机和振镜上电"按钮使其为选中状态。如果树脂需要加热，则单击"控温"开启加热（软件默认加热到 29 ℃，该值可修改），如图 6-111 所示。

（2）设备关机

①功能模块断电：单击软件上"电机和振镜上电"按钮使其为空状态。

②关闭控制软件和 PC：按软件右上角×退出软件，电脑右下角选择"开始-关机"。

③激光器关闭。

a.按住 CURRENT 向下键，电流降低至零。

b.按 DIODE 按键，相应灯灭，DIODE 断电。

c.按 QS-ON 按键，相应灯灭，Q 驱动器进入待机状态。

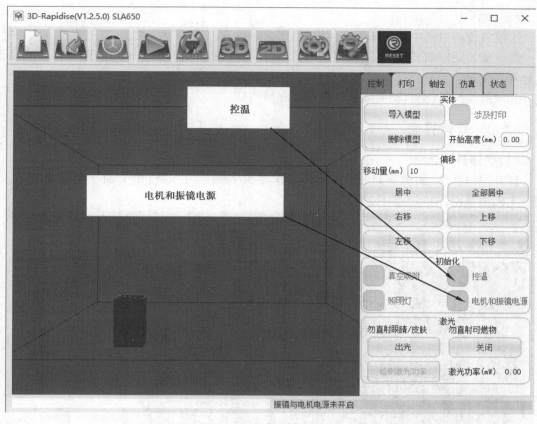

图 6-111　电机与振镜电源

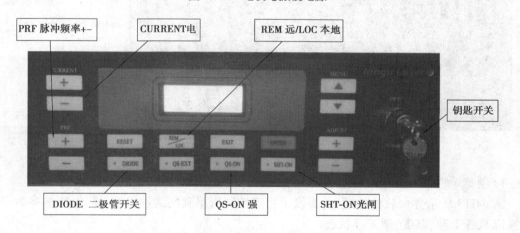

图 6-112　激光器控制面板关停

d.按 SHT-ON 按键,相应灯灭。

e.关闭钥匙开关。

④电气板空开断电:向下扳为断电。

⑤电源总开关关闭:逆时针为关闭。

（3）注意

①设备使用过程中请勿睡眠或休眠,否则会导致 RTC 卡驱动异常。

②设备长期停用,需按上述步骤关闭机器,并将树脂转入树脂桶中保存,避免因环境温湿度异常而变质。

③软件关闭后,会自动关闭真空吸附泵和照明灯。

6.6.2 软件界面

（1）整体界面介绍

打开控制软件,如图 6-113 所示。其工作界面主要分为三块:最上面—主菜单区域,右侧—工艺信息栏,中间—零件成型区域。

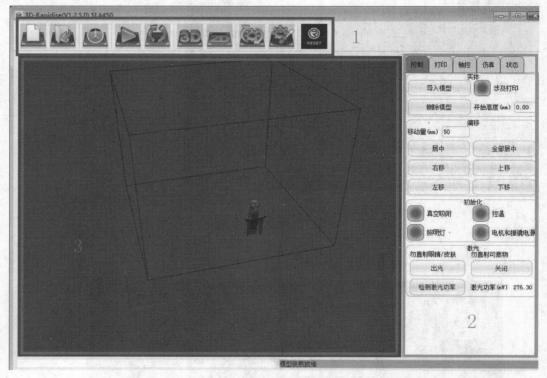

图 6-113 控制软件界面

1）主菜单栏

图 6-113 所示界面软件标题栏,提供了程序控制所用到的文件操作、显示、工艺参数、视图切换以及各个轴、温度、激光等状态。

2）工艺信息栏

在图 6-113 所示界面主菜单栏下右侧,即为软件的主要操作界面,提供打印相关的各种操作、系统状态监视和工艺参数设置功能,包含打印控制、轴运动控制、打印。

参数设置、打印过程监视和记录、模型装载与仿真、液位控制等,由"工作设置"和"设置"两个按钮切换。

3）零件成型区域

在图 6-113 所示界面主菜单栏下方，显示了零件模型与制作情况，可以二维、三维切换，旋转，缩放，制作进程更加直观可视，有利于加强进程控制及数据检查。

（2）主菜单栏

当鼠标移至图标时，会有相应的提示功能，具体图标对应功能如表 6-5 所示。

表 6-5　主菜单栏说明表

图标	功能
	新建一个工程文件，也可用来删除已加载的全部模型
	打开已存在的工程文件，或者保存当前工程文件
	打印准备按钮，单击可以自动进入打印准备流程，进行功率检测—轴初始化—树脂余量检查—刮刀和吸附检查提醒—刮气泡操作
	开始制作按钮，单击可开始制作及暂停后机型；一旦开始打印后，图标变为绿色暂停按钮。若输入开始高度，则会从指定高度开始打印
	暂停按钮，单击该图标可暂停制作
	重新开始制作按钮，单击后整个制作过程将从零开始；开始打印后，该按钮图标变成停止按钮
	停止按钮，单击该按钮可以终止打印
	三维视图按钮，单击可以观察加载成型零件，更具直观性
	二维视图按钮，单击可以显示加载零件的截面模型
	工作按钮，单击可以切换工艺信息栏进入一般操作界面，包含控制、打印、轴控、仿真及状态五个界面模块
	设置按钮，单击可以切换工艺信息栏进入打印参数设置界面
	复位启动按钮。"打印"中如启动复位，系统会弹出对话框询问用户，如选择确定，系统会等到当前层打印完之后停止打印过程

（3）工艺信息栏

1）控制界面（图 6-114）

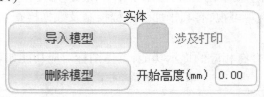

图 6-114　控制-实体

①实体导入模型。

导入打印数据模型。通过下拉菜单选择 * .stl 或 * .slc 格式的数据（V5.2.5 版本及以上支持该功能），选择数据后确定即可，如图 6-115 所示。

注意：如果只选择支撑文件导入，软件会自动忽略。

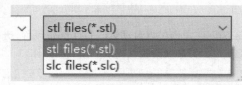

图 6-115　格式选择

Stl 格式的三维显示效果较好，slc 适用于大数据量的模型，加载 slc 可减少内存占用，如图 6-116 所示。

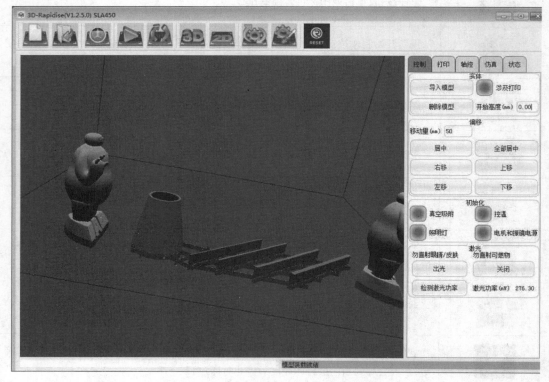

图 6-116　STL 格式导入数据模型显示方式

②删除模型。

在成型区选中模型,然后单击删除,可以选择性地删除不需要的模型。开始高度(mm):在未打印时可以设置打印的起始高度,打印中会随着层数增加自动刷新当前层高度。涉及打印:选择模型,若将"涉及打印"关闭,则该模型不会进行打印。一般打印过程中,某个模型出现异常,可以选择此模型,然后将此按钮关闭,如图 6-117 所示。

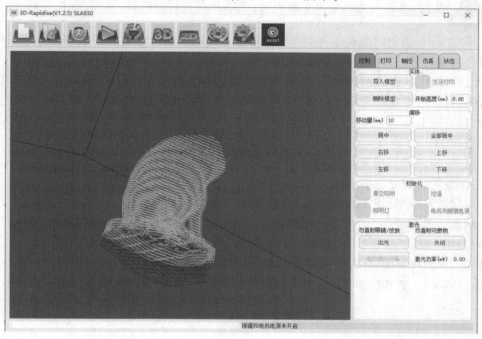

图 6-117 SLC 格式导入数据模型显示方式(切片显示方式)

③偏移(图 6-118)。

A.移动量:移动选中模型的单次移动量,单位为 mm。

B.居中:将选中模型居中。

C.全部居中:所有模型整体居中。

D.上移:把模型朝着远离设备正面的方向移动一次。

E.下移:把模型朝着靠近设备正面的方向移动一次。

F.左移:面朝设备为正面,把模型朝着左侧方向移动一次。

G.右移:面朝设备正面,把模型朝着右侧方向移动一次。

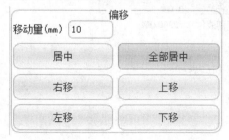

图 6-118 控制-偏移

图 6-119 控制-初始化

305

④初始化振镜和电机电源。

软件启动时会检查电源状态,如果这个按钮的状态为灰白,将不能打件。在系统未打件时可以通过单击这个按钮,自由关闭和开启电源,打件过程中则会置灰此按钮,如图 6-119 所示。

⚠ **注意:**振镜和电机电源未启动时,无法执行任何轴运动、激光、打件等操作。

A.真空吸附:选中状态表示真空吸附开启。可手动关闭或开启真空吸附。打印过程中真空吸附会自动打开,打印结束后真空吸附会自动关闭。

B.温控:选中状态表示加热开启,树脂加热并进行温度控制,可用于开启或关闭加热。

C.照明灯:选中状态表示开启照明灯,可用于开启或关闭设备内部照明。软件关闭后,照明灯会自动关闭。

⑤激光。

A.出光:使激光器出光。

B.关闭:关闭激光器的出光。

C.检测激光功率:用于检测激光功率,激光功率会自动显示到右侧数值中,如图 6-120 所示。

2)打印界面

打印过程监视界面,含打印参数、打印进度、打印时间、估计打印时间、激光功率、各轴控制状态、当前液位值、树脂温度等,具体如图 6-121 所示。

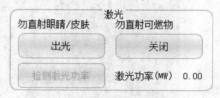

图 6-120 控制-激光

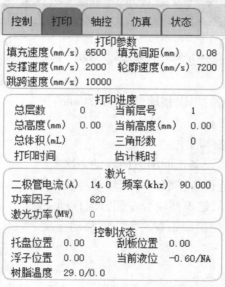

图 6-121 工作-打印界面

3)轴控界面

①托盘控制。

A.至零位:托盘运动到设定的零点位置。

B.至液面下:托盘运动到标准页面下方 6~8 mm。

C.步长:上升或者下降一次的距离,单位是 mm。

D.上升:托盘上升一个"步长"距离。

E.下降:托盘下降一个"步长"距离。

F.状态:在上述按钮的下方显示-托盘位置、回零状态,如图 6-122 所示。

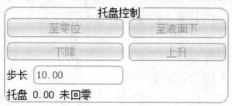

图 6-122　轴控-托盘控制　　　　　　　图 6-123　轴控-刮板控制

②刮板控制(图 6-123)。

A.至零点:刮刀到坐标轴原点位置,即靠近操作者的位置。

B.至最大位:刮刀远离设置正面,沿着 Y 轴运动到正向极限位置。

C.步长:前后移动一次的距离,单位是 mm。

D.前进:刮板前进(远离设备正面)一个"步长"距离。

E.后退:刮板后退(靠近设备正面)一个"步长"距离。

F.状态:在上述按钮的下方显示-刮板位置、回零状态。

③浮子控制。

A.步长:设置移动距离。

B.下降:浮子走一个步长的距离。

C.上升:浮子走一个步长的距离。

D.设为标准液位:单击按钮,当前液位即被设置成标准液位。标准液位一般为激光的焦平面。

E.液位微调:单击按钮,软件自动调节浮子上下,将液位调整到标准液位,如图 6-124 所示。

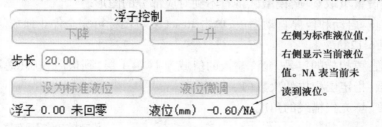

图 6-124　轴控-浮子控制

④杂项控制(图 6-125)。

A.搅拌:托盘在上下限位之间来回运动一次为搅拌一次。

B.搅拌次数:选择搅拌后托盘运动次数,值域为 1 到 100 之间。

C.托盘轴寻找原点:托盘轴到原点位置。

D.刮板轴寻找原点:刮板轴到原点位置。

图 6-125　轴控-杂项

E.浮子轴寻找原点:浮子轴到原点位置。

F.清除所有异常:清除所有轴遇到的问题。将产生的报警复位,让其停下来。

4)仿真界面(图 6-126)

仿真界面包含仿真、播放、渲染设置、扫描、偏移等功能,可以模拟打印时各个截面的状态,可扫描指定层,可移动模型在网板(打印平面)上的位置(软件退出后无效)。

①仿真与播放。

A.开始/停止:启动仿真和停止仿真。

B.当前层:当前正在仿真或播放的层号,1(第 1 层)到最后一层。

C.总层数:所有已载入模型最大层数。

D.上一步\下一步:仿真上一层\下一层。

E.上十步\下十步:仿真上十层\下十层。

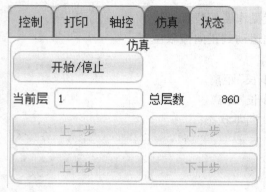

图 6-126　仿真

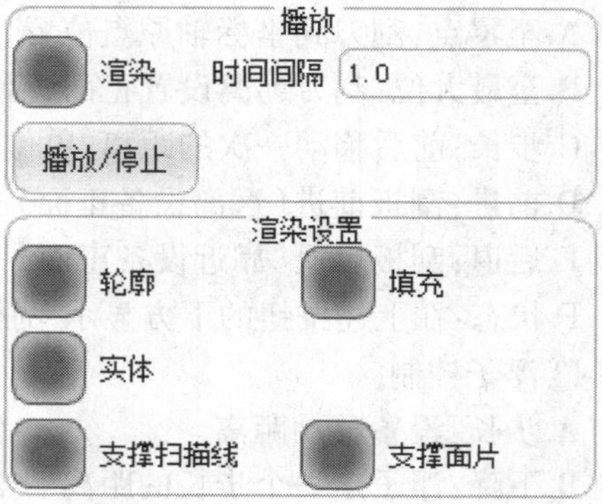

图 6-127　播放/渲染设置

②播放/渲染设置(图 6-127)。

A.渲染+播放:渲染性的模拟模型打印过程,渲染可帮助用户看清楚轮廓、填充、支撑和实体,如果在渲染设置里取某项,模型区将看不到对应部分的图形。

B.播放/停止:启动和暂停自动播放,单击 Reset 复位图标可完全停止播放。

③扫描(图 6-128)。

A.扫描层数:要扫描的层号,允许输入的值域为 1(第 1 层)到最后一层(总层数)。

B.扫描次数:指定层扫描的次数(1~1 000)。

C.填充角度:填充扫描线的角度。

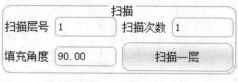

图 6-128　仿真-扫描

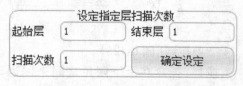

图 6-129　设定指定层扫描次数

④设定指定层扫描次数(图 6-129)。

设定指定层扫描次数可以设置模型起始层到结束层的扫描次数,最小次数为 1。比如输入起始层为 100,结束层为 120,扫描次数为 2,则打印的时候,从第 100 层~第 120 层,会扫描两遍。值域:1≤"起始层"≤"结束层"≤当前模型的最大层数。此参数按下"确定设定"时会保存设置即时生效,更换模型后失效,需重新设定。

5)用户界面(图 6-130)

图 6-130　用户-用户权限

①用户权限。

A.级别:分为操作员和技术员权限。软件打开后,用户默认处于"操作员"权限,不能查看和修改硬件相关的参数。

B.技术密码:请联系杭州易加技术支持人员获取技术密码;登入权限:通过输入技术密码,单击"登录权限",可登录技术员身份,此权限下可对传感器、运动、光学界面上的参数进行设置。

C.软件授权(图 6-131):可以查看软件当前的许可状态。显示软件版本、PLC 版本(支持PLC1.05)、机器编码、许可状态、过期时间和剩余天数。

图 6-131　软件授权界面

软件即将过期时,将该机器编码传回先临,获取证书后,可以单击"加载证书",然后单击"保存证书"按钮,即可更新。

②查看记录(图 6-132)。

用户可以通过"上一页""下一页""首页""尾页"查看软件操作记录,OPT 开头的表示操作记录:打印、轴控、修改参数、液位微调、检测激光功率、仿真、复位、设置各种标量等皆被记录;ERR 开头的记录软件抛出的异常和报警。

"清除记录"只有"技术员"权限方可执行。

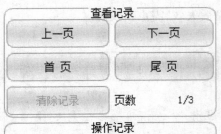

图 6-132　用户-查看记录

6.6.3　模型打印操作流程

设备打印流程如表 6-6 所示。

表 6-6　打印流程

1	数据处理	数据检查	Magics 中检查是否有坏边、反向、重叠三角面片等错误
		模型修复	手动或自动对错误数据进行修复
		生成支撑	手动或自动生成支撑
		导出切片	指定切片信息后导出平台
2	打印零件	导入模型	3DRapidise 软件中导入 stl 或 slc 格式的模型
		打印准备	单击 ⊙ 自动进行打印准备工作
		开始打印	单击 ▷ 🖐 指定高度开始打印）或（重新打印）
3	后处理	取件	用铲刀将零件从打印平台取出
		清洗	无水酒精中去除支撑，清洗表面树脂，然后用气枪吹干
		后固化	紫外固化箱中二次固化
		打磨	砂纸打磨，水中清洗使表面光滑
		其他处理	可进行喷砂、电镀、上色等

6.6.4　添加材料

（1）设备准备

切换到轴控界面，依次单击下方按钮：

①单击"刮板轴寻找原点"，等待刮板回零。

②单击"托盘轴寻找原点",等待托盘回零。

③单击"浮子轴寻找原点",等待浮块回零 。

（2）添加树脂

将树脂材料倒到网板上,倒时要注意,倒料的速度不宜过快,倾倒时,要观察液位高度表,当液位数值接近目标值时停止。

（3）搅拌

树脂材料添加完成后,需要对材料进行搅拌,搅拌的目的是使新旧材料混合均匀,操作流程如下:

①在"轴控"中单击搅拌次数,输入目标值,一般为 50。

②单击"搅拌"按钮,网板将开始上下来回搅拌。

任务 6.7　模型后处理

6.7.1　SLA 不同材质后处理

模型后处理

在 SLA 工艺中常用打印材料制作出来的材质不一样,通常有 3 种类型:类 ABS 材质、软胶材质、透明材质。

（1）材质说明

1）类 ABS 材质

类 ABS 材质特点:白料即白色材料,具有成型速度快、打印精度高等特点,打印制件具有出色的抗湿性能、耐化学性好、收缩率小、尺寸稳定性好、耐久,制件具有一定的吸附力,能满足常规的喷漆要求,同时具备优良的机械性能,如图 6-133 所示。

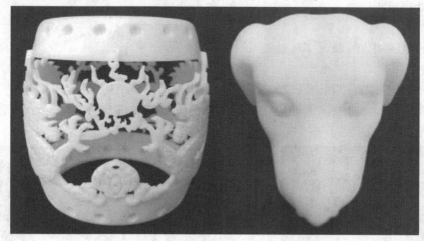

图 6-133　类 ABS 材质件

2）软胶材质

软胶材质特点:成型后呈浅黄色,性能类聚氨酯(PU)材料,具有优良的柔性和韧性,无异味、黏度低、易清洗、耐折弯性强,适用于鞋子、产品保护件等柔性连接应用,如图 6-134 所示。

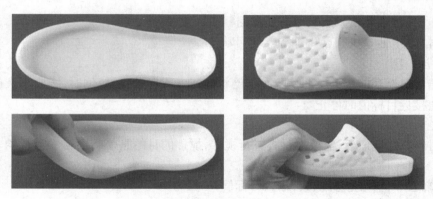

图 6-134　软胶材质件

3）透明材质

透明材质特点：刚韧结合、接近无色的材料，具有经实践检验的尺寸稳定性，适合常规用途、细节丰富的建模以及透明的可视化模拟，如图 6-135 所示。

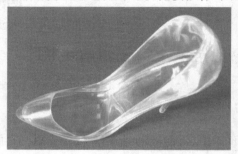

图 6-135　透明材质件

（2）后处理流程

1）要求

后处理质量要求：美观、干净、表面无划痕、不黏手。

2）流程

①原型出机前，先看图纸或数据，确定所清洗工件的整体结构和支撑面结构。

②原型出机后，及时去除能确定结构的大部分支撑或全部支撑，如图 6-136 所示。清洗前，严禁紫外光照射。

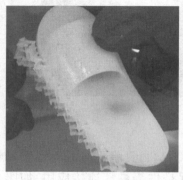

图 6-136　去除支撑　　　　　　　　图 6-137　超声波

③把去除支撑的原型放入清洗槽内用无水酒精清洗或超声波洗件,如图 6-137 所示。对于薄壁件,只能用干净酒精快速清洗一次,时间不能超过 2 min。注意应洗干净,不留死角,并立即吹干。

④第一次可用循环酒精清洗,第二次则用干净的酒精清洗。清洗完毕后,局部未清洗干净的部位使用蘸酒精棉纱擦拭干净。

⑤清洗时注意小结构。对圆柱内、深孔、小夹槽及其他不易清洗的小结构内的树脂,要细致清洗到位。

⑥清洗时,要小心细致,可用棉纱、毛刷、牙签等其他辅助工具清洗。

⑦清洗结束时,要立即用风枪吹掉原型表面酒精,再用电吹风吹干。注意避免因温度过高而使零件变形。吹干后零件表面应不黏手。

⑧对吹干表面酒精的原型,可在日光、紫外线烘箱内进行 10~20 min 二次光固化。对强度要求高时,固化时间可达 2 h。

⑨原型清洗结束后,注意原型摆放,以防止变形。

（3）固化箱的使用

光固化树脂在激光扫描过程中发生聚合反应,但只是完成部分聚合作用,零件中还有部分处于液态的残余树脂未固化或未完全固化(扫描过程中完成部分固化,避免完全固化引起的变形),零件的部分强度也是在后固化过程中获得的。因此,后固化处理对完成零件内部树脂的聚合,提高零件最终力学强度是必不可少的。后固化时,零件内未固化树脂发生聚合反应,体积收缩产生均匀或不均匀形变,固化箱的外形如图 6-138 所示。

图 6-138　固化箱

（4）激光补件

1）说明

激光补件是通过使用激光二次固化修补的光敏树脂件,达到修复模型的功能。

2）激光补件操作流程

模型表面出现裂缝时,可用激光补件的方式修补模型,流程如下:

①将设备激光功率调低。

②将网板降到液面之下。

③将刮刀移动到网板中间。

④将激光投射到刮刀上。

⑤用竹签蘸上液态树脂涂抹于模型破损处。

⑥将模型放置在激光光斑下,来回移动模型,让激光均匀照射到破损处,将破损位置上的树脂进行固化。

⑦补件结束后,对破损位置进行打磨。

6.7.2　UV 光敏树脂面处理工艺

（1）工艺简介

UV 面处理漆引入手板后处理行业时间不长，还有许多的问题等待解决，对其性能、工艺等还有待摸索，下面介绍一些已经验证过的结论。

UV 漆是 UItraviolet Curing Paint 的英文缩写，指用紫外线固化的漆（UV 本为紫外线代号），其原料一般为环氧树脂，其特点是：漆膜硬度高，附着力不如 PU 漆，漆膜厚度可达到 0.6 mm（PU 漆为 0.4 mm）。光泽度可调，可分为哑光、半哑光和亮光。

（2）UV 漆工艺

①UV 底，UV 面。

②UV 底，PU 面。

③PU 底，UV 面。

常见的施工方式：喷涂 UV 面或底、手工刷涂 UV 面或底。

（3）涂覆前准备工作

①针对不同材质的手板，手板表面清洁剂的选用有所区别。

②对 R&P 原型件需要做手板表面封闭工艺，才可进入下一步工序。

③操作者穿戴好必备的保护服，保持所持物件的干净。

④控制环境粉尘，保证所用设备正常。

（4）UV 漆优点

①没有挥发的溶剂，不会造成环境空气的污染，是目前比较环保的油漆新品种之一。

②面漆固化时间短，可以减少能源浪费，提高生产效率，是常规涂装成本的一半，是常规涂装效率的数十倍。

③留固含量极高。

④硬度好，透明度高。

⑤耐黄变性优良。

⑥活化期长。

⑦废料少。

（5）UV 漆缺点

①要求基材无油、汗渍、湿点等污染，前期准备工作需精细。

②要有足够的化学配比知识。

③UV 原料在配好后有一定的使用期限。

（6）手板用 UV 漆常见问题与方法

1）麻点现象

原因：①UV 漆发生了晶化现象；②表面张力值大；③对手板表面润湿作用不好。

解决方法：①在 UV 漆中加入 5%的乳酸；②破坏晶化膜或除去油质或打毛处理。

2）条痕和起皱现象

原因：UV 油太稠，涂覆量过大。

解决方法：降低 UV 油的黏度值，加入适量的酒精溶剂稀释。

3）气泡现象

原因：所用 UV 油质量不高，UV 油本身含有气泡。

解决方法：换用质量高的 UV 油或将共静置一段时间再用。

4）桔皮现象

原因：①UV 油黏度高，流平性差；②刷涂量过大；③喷枪压力大小不均匀；④环境温度过低。

解决方法：①降低黏度，加入流平剂及适当的溶剂；②控制喷涂流量；③调整压力、距离；④提高环境温度。

5）发黏现象

原因：①紫外光功率不足；②UV 漆存贮时间过长；③不参与反应的稀释剂加入过多；④曝光时间不够。

解决方法：①固化时间过短，紫外光功率衰减；②更换漆；③注意合理使用稀释剂；④适当顺延曝光时间，注意调整光功率、距离等。

6）附着力差，涂不上或有发花现象

原因：①手板表面产生晶化油、污物过多；②UV 光油黏度太小或涂层太薄；③涂覆不匀；④光固化条件不合适；⑤UV 光油本身附着力差或手板材料的附着性差。

解决方法：①消除晶化层，手板表面做封闭处理，控制手板表面洁净度；②选择 UV 光油，匹配工艺参数，调整喷涂量；③使用黏度高的 UV 光油，加大涂布量，手工涂覆时要注意调整 UV 漆的流动黏度；④更换涂覆工艺，改善固化条件（光强度、温度、距离等）；⑤检查是否紫外光汞灯管老化，或机速不符，选择合适的干燥条件，上底漆或更换特殊的 UV 光油。

7）光泽不好、亮度不够

原因：①UV 光油黏度太小，涂层太薄，涂布不均；②手板材料粗糙，吸收性太强；③手板表面喷涂量太少；④非参加干燥反应溶剂稀释过度。

解决方法：①适当提高 UV 光油黏度及涂覆量，调整喷涂的均匀性；②选择吸收性弱的材料，或先涂覆一层底层漆；③加大喷涂量；④减少乙醇等非反应稀释剂的加入。

8）白点与针孔现象

原因：①涂覆太薄；②稀释剂选用不当；③手板表面粉尘较多或喷涂的颗粒太粗。

解决方法：①增加涂层厚度；②加入少量平滑助剂，采用参与反应的活性稀释剂；③保持表面清洁与环境清洁，控制喷涂距离、喷涂压力。

9）残留气味大

原因：①干燥不彻底，如光强度不足或非反应型稀释剂过多；②抗氧干扰能力差。

解决方法：①固化干燥要彻底，选择合适的光源功率与照射时间；②严禁使用非反应型稀释剂；③加强换气量。

10）UV 光油变稠或有凝胶现象

原因：①贮存时间过长；②未能完全避光贮存；③贮存温度偏高。

解决方法：①按规定时间使用，一般为 6 个月；②严格避光贮存；③贮存温度必须控制在 5~25 ℃。

11）UV 固化后自动爆裂

原因：被照表面温度过高后，聚合反应继续。

解决方法：增大灯管与被照物表面距离，冷风或冷辊压。

6.7.3 真空镀处理工艺

（1）简介

为了满足更安全、更节能、降低噪声、减少污染物排放的要求，在表面处理工艺上，真空电镀已经成为环保新趋势。与一般的电镀不同，真空电镀更加环保，同时，真空电镀可以生产出普通电镀无法达到的光泽度很好的黑色效果。

（2）真空电镀工艺原理

1）真空电镀概念

真空电镀是一种物理沉积现象。即在真空状态下注入氩气，氩气撞击靶材，靶材分离成分子被导电的货品吸附形成一层均匀光滑的表面层。

2）真空电镀原理

其过程是在真空条件下，采用低电压、高电流的方式将蒸源通电加热，靶材在通电受热的情况下飞散到工件表面，并以不易定形或液态沉积在工件表面、冷却成膜的过程如图 6-139 所示。

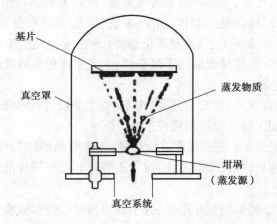

图 6-139　电镀原理层示意图

（3）真空镀的类型

真空镀膜的镀层结构一般为：基材、底漆、真空膜层、面漆，因靶材理化特性直接决定膜层的特性，根据膜层的导电与否，可分为导电真空镀膜（VM）和不导电真空镀膜（NCVM）两种。

1）VM

一般用在化妆品、NB 类、3C 类、汽配类按键、装饰框、按键 RING 类饰件的表面处理，其表面效果与水电镀相媲美，靶材一般为铝、铜、锡、金、银等。

2）NCVM

具有金属质感、透明，但不导电，一般用在通信类、3C 类抗干扰要求较高的机壳、装饰框、按键、RING 类饰件的表面处理，其表面效果为水电镀效果，靶材一般为铟、铟锡。

3）真空电镀的结构

真空电镀的结构如图 6-140 所示。

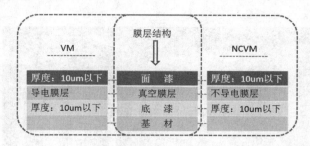

图 6-140　电镀层结构示意图

①基材。

ABS、PC、ABS+PC、PP、PPMA、POM 等树脂类型均可成型真空电镀,要求底材为纯原料、电镀级别更佳,不可加再生材。

②底漆。

UV 底漆,对基材表面做预处理,为膜层的附着提供活性界面,底漆厚度一般为 5～10 μm,特殊情况可酌情处理加厚。

③膜层。

靶材蒸发结果,VM 膜层可导电,NCVM 镀层不导电,且抗干扰性效果很好,膜层厚度为 0.3 μm 以下。

④面漆。

面漆利用三基色原理可与色浆搭配出各类颜色,同时对真空膜层起保护作用,再加上 UV、PU 的表面装饰,效果更漂亮,厚度一般在 8～10 μm,特殊情况可酌情处理加厚。

面漆的颜色多变效果基理:利用三色原理将面漆与色浆混合调试达成,如图 6-141 所示。

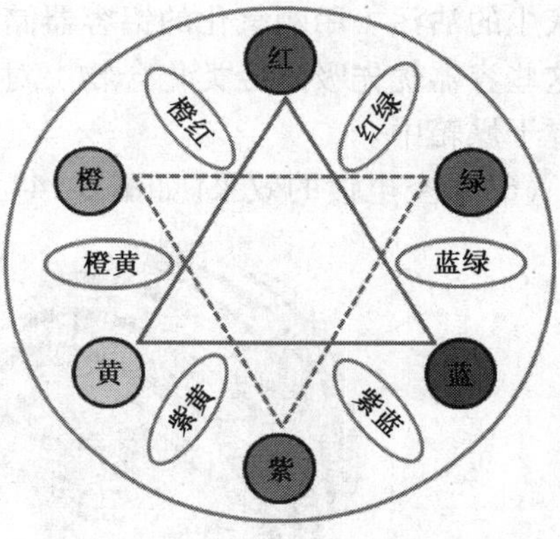

图 6-141　面漆颜色基理

（4）真空镀的适用范围

真空电镀适用范围较广,如 ABS 料、ABS+PC 料、PC 料的产品。同时因其工艺流程复杂,环境、设备要求高,单价比水电镀昂贵。现对其工艺流程作简要介绍如图 6-142 所示。

图 6-142　真空电镀流程

（5）真空电镀设备及环境要求

真空电镀的质量很大程度上取决于设备质量和环境清洁度(无尘度),如图 6-143 所示。清除真空镀膜室内的灰尘,设置清洁度高的工作间,保持室内高度清洁是真空镀膜工艺对环境的基本要求。空气湿度大的地区,除镀前要对基片、真空室内各部件认真清洗外,还要进行真空烘烤除气。要防止油脂带入真空室内;注意降低油扩散泵返油,对加热功率高的油扩散泵必须采取挡油措施。

图 6-143　真空电镀设备环境

对经过清洗处理的清洁表面,不能在大气环境中存放,要用封闭容器或保洁柜储存,以减少灰尘的沾污。用刚氧化的铝容器储存玻璃衬底,可使烃类化合物蒸气的吸附减至最小。因为这些容器优先吸附烃类化合物。对于高度不稳定的、对水蒸气敏感的表面,一般应储存在真空干燥箱中。

（6）真空电镀的效果（如图 6-144 所示）

图 6-144　真空电镀样件

（7）对工程设计上的要求（如表 6-7 所示）

表 6-7 电镀件设计要求

项次	内容	要求	原因
1	原材料方面	选用电镀级材料	非电镀级材料或加再生材造成内应力大，易使产品变形
2	模具设计方面	1.边角部位不可设计成直角状态，要成"R"角；2.考虑产品留有安放治具位置；3.设计堆叠柱，方便包装	1.底漆、面漆流平性不好，易产生复线，外观不良；2.方便治具固定产品；3.方便包装
3	注塑成型方面	电镀级原料，不可加再生材；多段射出，合理设定保压时间，减少内应力	内应力大会造成产品附着力不好，物性测试不易通过，保压时间短，产品过 UV 灯时易变形、缩水
4	包装运输方面	设计专用吸塑盒或其他专用包装方式	防止产品在运输过程中损伤表面

（8）真空电镀与水电镀特性比较（如表 6-8 所示）

表 6-8 真空电镀与水电镀对比

项次	比较内容	水电镀	真空电镀
1.外观	A.亮面效果可调范围	小	大
	B.高光效果	高	较高
	C.亚光效果深镀性	好	一般
	D.金属质感	强	强
	E.透光性	需镭射方可透光	MCVM 不用镭射可透光
2.尺寸	A.高低电位	有	无
	B.边角位	尺寸变化大	尺寸变化小
3.物性测试	A.膜厚	厚，有高低电位差	薄，0.3 μm 以下均匀
	B.耐磨性	好	较差
	C.耐候性	中等	好（有 UV 保护）
	D.抗干扰	差	好（NCVM）
4.环保	A.原料利用率	高	一般
	B.废弃物产生	较多	少
	C.工作环境要求	较高	高
5.成本	A.加工费用	一般	高

6.7.4 丝印工艺

(1)丝印工艺原理

丝印是指用丝网作为版基,并通过感光制版方法,制成带有图文的丝网印版。丝网印刷由五大要素构成,丝网印版、刮板、油墨、印刷台以及承印物。利用丝网印版图文部分网孔可透过油墨,非图文部分网孔不能透过油墨的基本原理进行印刷。印刷时在丝网印版的一端倒入油墨,用刮板对丝网印版上的油墨部位施加一定压力,同时朝丝网印版另一端匀速移动,油墨在移动中被刮板从网孔中挤压到承印物上,如图 6-145 所示。

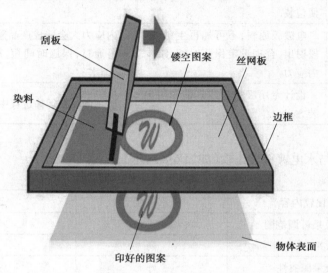

图 6-145　丝印工艺示意图

(2)丝印油墨材料

丝印油墨按照承印物分类具体有:金属用油墨、塑料用油墨、玻璃用油墨、纸张用油墨、木材用油墨、织物用油墨、特殊用途油墨等。

设计师常按照效果命名油墨,比如闪粉(金葱粉)油墨、金属油墨、珠光油墨、实色油墨、夜光油墨、3D 磁性油墨、水珠油墨、UV 立体光油等。

闪粉油墨,就是将闪粉调配成油墨,称为闪粉油墨,闪粉是由精亮度极高的不同厚度的 PET、PVC、OPP 金属铝质膜材料电镀,涂布经精密切割而成,如图 6-146 所示。

珠光油墨,同闪粉油墨的区别就是添加的是珠光粉。珠光粉大多采用天然云母制成,其因特有的柔和的珍珠光泽而得名。珠光色彩可根据需求调试,由于颗粒均匀细腻对网目要求较低,所以运用较为广泛,如图 6-147 所示。

金属油墨,指用金属薄片配制的油墨,有金属的光泽,一般说的金墨、银墨就是这类油墨。金属油墨的颜料主要是金粉和银粉(铜粉和铝粉),也可加入其他颜料以产生具有特殊色彩的油墨,称之为着色金属油墨。我们常用到的金属色系油墨有土豪金、亮银、电镀银、电镀金、镜面银、镜面金、闪银等,如图 6-148 所示。

图 6-146　闪粉油墨　　　　　　　　　　　图 6-147　珠光油墨

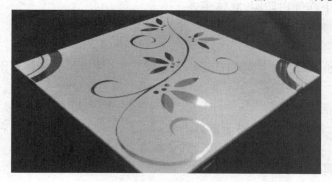

图 6-148　金属油墨

UV 水珠油墨,产品表面就像荷叶上落下了许许多多、大小不一的水珠一样。水珠大小可通过印刷网目和工艺条件控制。网目越低,涂层越厚,水珠越大,反之目数越高,水珠越小。局限性就是水珠形状及排列不能很好地控制,有一定的差异,所以应用不能达到一致性,如图 6-149 所示。

图 6-149　UV 水珠油墨

在选用油墨时设计师应注意以下两点:

①不同的材料选用不同的油墨,必须选用与材料相配的油墨,以避免油墨选择错误造成

不良后果,比如丝印 abs 上的油墨用到玻璃上最常见的问题就是油墨的附着力不达标。

②不同类型油墨需要采用配套稀释剂,主要因为各种稀释剂对各种不同树脂类型油墨有着不同的溶解力,同样是为了避免产生不良的印刷效果。

(3)丝印的优点

①不受承印物大小和形状的限制。

一般印刷,只能在平面上进行,而丝网印不仅能在平面上进行印刷,还能在特殊形状的成型物上(如球面、曲面上)印刷,有形状的东西都可以采用丝网印刷。

②版面柔软印压小。

丝网柔软而富有弹性。

③墨层覆盖力强。

可在全黑的纸上作纯白印刷,立体感强。

④适用于各种类型的油墨。

⑤耐旋光性能强。

可使印刷品的光泽不变(气温和日光均无影响)。这使得印刷一些不干胶时,不用额外覆膜等工艺。

⑥印刷方式灵活多样。

⑦制版方便、价格便宜、技术易于掌握。

⑧附着力强。

⑨可纯手工丝印,也可机印。

⑩适于长期展示,在室外的广告富有表现力。

(4)丝印的应用

丝印对于 3D 打印件来说,不适合整体上色,比较适合印刷图案。比如在 3D 打印的手机壳背面印刷 logo 或其他创意图案,如图 6-150 所示。

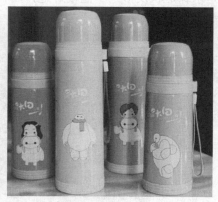

图 6-150　丝印工艺样件

6.7.5　模型拼接

(1)使用工具

502 胶水,竹签,红灰,砂纸,ABS 棒,自喷漆,热熔胶枪。

模型拼接

（2）操作步骤

1）胶水粘接

把 502 胶水涂抹在装配位处，涂抹量不要太多，太多凝固时间会加长，涂抹好后，把工件拼接在一起，如图 6-151 所示，然后静置 5~10 min。

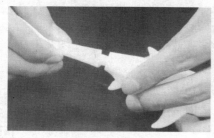 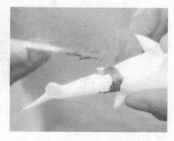

图 6-151　胶水粘接　　　　　　　　　　图 6-152　胶水粘接

2）补缝

模型拼接好后，拼接处会有一条明显的缝隙，此时我们用竹签蘸取红灰涂抹在拼接缝上，如图 6-152 所示，涂抹时要注意，要把红灰塞进缝隙中，涂抹完成后，静置 30~60 min，待红灰完全凝固后再进行后续操作。

红灰凝固后，用砂纸将多余的红灰打磨掉，打磨时要边沾水边打磨，如图 6-153 所示。

 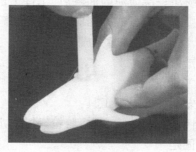

图 6-153　打磨工件　　　　　　　　　　图 6-154　工件固定

3）喷漆

①喷漆前先把模型固定在 ABS 棒上，在 ABS 棒上涂抹热熔胶，然后固定到工件上，注意，固定的位置要选择一个大面，方便后续补喷，如图 6-154 所示。

②热熔胶凝固后，用自喷漆对准工件进行喷涂，如图 6-155 所示，注意喷涂时，要不停地转动工件，不能在某个地方喷涂太久，防止出现滴流现象。

图 6-155　工件喷漆　　　　　　　　　　图 6-156　工件补喷

③第一次喷涂的油漆凝固后，把 ABS 棒拆除，然后将没有喷涂到的位置再喷涂一次，如图

6-156 所示。

④喷涂完成后,工件表面光顺,如图 6-157 所示。

图 6-157　工件展示

任务 6.8　特殊后处理

喷漆打磨

6.8.1　喷漆打磨

(1)喷漆打磨原理

当工件喷涂一层薄薄的油漆后,工件上的支撑点,台阶痕,模型缺陷将更加显眼,操作者可以通过直接观察的方式,看到模型上的缺陷,从而针对性地进行打磨,当工件上的油漆全部打磨掉之后,工件也就打磨完成了。

(2)操作流程

1)准备工具

操作前先准备好以下工具:

手套、自喷漆、ABS 棒、热熔胶枪、砂纸、水、喷砂机、雕刻刀。

2)工件固定

在 ABS 棒上涂抹热熔胶,然后与工件进行粘接,粘接时,要选择工件上的平面,如图 6-158 所示。

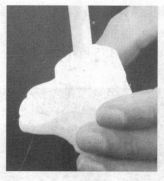

图 6-158　工件固定

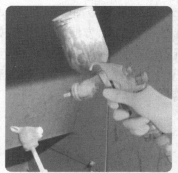

图 6-159　工件喷涂

3)喷涂油漆

在工件上喷涂一层薄薄的油漆,如图 6-159 所示,注意喷涂时,一定不能喷涂过多,避免油漆凝固时间太长。

4）打磨

工件喷涂油漆后，表面的缺陷将非常明显，如图 6-160 所示，此时用雕刻刀把工件上的台阶刮除，然后用砂纸将工件上的划痕和支撑点全部打磨掉。

图 6-160　工件表面上的缺陷

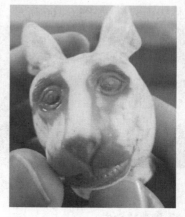
图 6-161　工件表面无法打磨的地方

5）喷砂

工件在打磨时，有些位置很难用砂纸进行打磨，如图 6-161 所示，此时我们可以用喷砂机，将剩下的部位进行喷砂，如图 6-162 所示，喷砂的目的是去除油漆已经剩下的台阶痕和支撑点，喷砂完成后，工件表面将非常光顺，如图 6-163 所示。

图 6-162　工件喷砂

图 6-163　喷砂后的工件

6.8.2　填眼灰补件

（1）填眼灰简介

填眼灰是填补空隙的一种物质，作用是修补工件表面的缝隙、沙眼，使表面平整、光滑，起到填充、封闭和增强层间附着力的作用，从而可以上漆。

若工件上破损面积较大则不可以用填眼灰修补。

补件

（2）操作流程

1）准备工具

非刀、填眼灰、砂纸、水。

2）涂抹

将填眼灰涂抹于缝隙处，涂抹时要注意，用非刀将填眼灰尽可能塞进缝隙内，如图 6-164

所示,模型缝隙都涂抹好后,静置 30 min。

3)打磨

用砂纸对缝隙进行打磨,打印时要边蘸水边打磨,如图 6-165 所示,直到多余的填眼灰都打磨掉,使工件表面光顺,如图 6-166 所示。

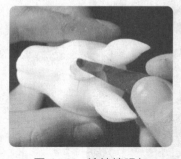
图 6-164 涂抹填眼灰

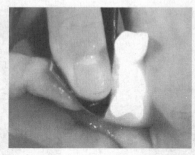
图 6-165 工件打磨

图 6-166 工件展示

6.8.3 爽身粉补件

(1)补件原理

爽身粉的主要成分是滑石粉、硼酸、碳酸镁及香料等,当爽身粉与 502 胶水混合后,将变成黏稠状的物体,5 min 后表面将变成坚硬的物体,我们可以在爽身粉还未凝固前,将爽身粉涂抹于工件破损处,待爽身粉凝固后,打磨掉多余的爽身粉,从而实现工件的修补。

(2)补件流程

1)准备工具

爽身粉、502 胶水、盘子、竹签、砂纸、水、凡士林、胶带。

2)工件准备

将辅助块固定在工件上,用胶带把工件破损处的一个面封上,然后把不需要粘合的面涂上凡士林,方便后续将辅助块拆除,如图 6-167 所示。

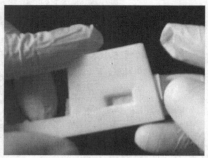
图 6-167 工件准备

图 6-168 爽身粉与胶水混合

3)混合

取适量爽身粉放入盘子中,在盘子中滴入 502 胶水,注意,胶水不可以直接滴到爽身粉上,应该滴在爽身粉周围,然后用竹签将一部分爽身粉与一部分胶水混合,当混合物太稀时,用竹签将旁边的爽身粉添补进来,当混合物太黏稠时,将旁边的胶水添加进来,如图 6-168 所示。

4）涂抹

将混合物涂抹到破损处，涂抹时，要涂抹均匀，不能使内部出现空鼓现象，表面要涂抹平整，方便后续打磨操作，如图 6-169 所示。

图 6-169　破损处涂抹

图 6-170　修补完成

5）打磨

工件涂抹完成后，用砂纸对修补位置进行打磨，打磨时要蘸水打磨，打磨完成后将辅助块拆除，模型修复完成，如图 6-170 所示。

项目 7

硅胶复模

项目描述及案例引入

传统的模具制造方式周期长、成本高。而硅橡胶模具是一种快速模具制造方法。由于硅橡胶具有良好的柔性和弹性，能够克隆结构复杂、花纹精细和具有一定倒拔模斜度的零件。硅橡胶快速模具制作周期短，制件质量高，可在短期内获得多个零件，以满足前期的研发验证工作。本项目将从硅胶覆模的模具制作、真空浇注两方面讲解硅胶复膜的知识，最后对本项目的知识内容进行总结。

项目目标

能力目标

- 掌握真空注型机操作方法
- 掌握硅胶模具制作方法
- 掌握真空浇注的操作方法

知识目标

- 了解硅胶模具特性
- 了解硅胶模具应用
- 了解硅胶模具制作技巧
- 了解真空浇注的操作方法

任务 7.1　硅胶模具的制作

7.1.1　硅胶模具的原材料

（1）有机硅胶简介

有机硅胶产品的基本结构单元是由硅—氧链节构成的,侧链则通过硅原子与其他各种有机基团相连。因此,在有机硅产品的结构中既含有"有机基团",又含有"无机结构",这种特殊的组成和分子结构使它集有机物的特性与无机物的功能于一身。与其他高分子材料相比,有机硅产品的最突出性能如下。

1）耐温特性

有机硅产品的热稳定性高,高温下(或辐射照射)分子的化学键不断裂、不分解。有机硅不但可耐高温,而且也耐低温,可在−60~360 ℃一个很宽的温度范围内使用。有机硅胶无论是化学性能还是物理机械性能,随温度的变化都很小。

2）耐候性

有机硅产品的主链为—Si—O—,无双键存在,因此不易被紫外光和臭氧所分解。有机硅具有比其他高分子材料更好的热稳定性以及耐辐照和耐候能力。有机硅中自然环境下的使用寿命可达几十年。

3）电气绝缘性能

有机硅产品都具有良好的电绝缘性能,其介电损耗、耐电压、耐电弧、耐电晕、体积电阻系数和表面电阻系数等均在绝缘材料中名列前茅,而且它们的电气性能受温度和频率的影响很小。因此,它们是一种稳定的电绝缘材料,被广泛应用于电子、电气工业上。有机硅除了具有优良的耐热性外,还具有优异的拒水性,这是电气设备在湿态条件下使用具有高可靠性的保障。

4）生理惰性

聚硅氧烷类化合物是已知的最无活性的化合物中的一种。它们十分耐生物老化,与动物体无排异反应,并具有较好的抗凝血性能。

5）低表面张力和低表面能

有机硅的主链十分柔顺,其分子间的作用力比碳氢化合物要弱得多,因此,比同分子量的碳氢化合物度低、表面张力弱、表面能小、成膜能力强。这种低表面张力和低表面是它获得多方面应用的主要原因,疏水、消泡、泡沫稳定、防粘、润滑、上光等各项优异性能。

（2）有机硅的分类

有机硅主要分为硅橡胶、硅树脂、硅油三大类。硅橡胶主要分为室温硫化硅橡胶、高温硫化硅橡胶。

室温硫化橡胶按其包装方式可分为单组分和双组分室温硫化硅橡胶,按硫化机理又可分为缩合型和加成型。因此,空温硫化硅橡胶按成分、硫化机理和使用工艺不同可分为以下三大类型:

①单组分室温硫化硅橡胶。

②双组分缩合型室温硫化硅橡胶。

③双组分加成型室温硫化硅橡胶。

这三种系列的室温硫化硅橡胶各有其特点。

单组分室温硫化硅橡胶的优点是使用方便,但深部固化速度较困难。

双组分室温硫化硅橡胶的优点是固化时不放热、收缩率很小、不膨胀、无内应力、固化可在内部和表面同时进行,可以深部硫化。

双组分室温硫化硅橡胶可在−65～250 ℃长期保持弹性,并具有优良的电气性能和化学稳定性,能耐水、耐臭氧、耐气候老化,加之用法简单,工艺适用性强,因此,广泛用作灌封和制模材料。各种电子、电器元件用室温硫化硅橡胶涂覆、灌封后,可以起到防潮、防腐、防震等保护作用,可以提高性能和稳定参数。双组分室温硫化硅橡胶特别适宜做深层灌封材料并具有较快的硫化时间,这一点是优于单组分室温硫化硅橡胶之处。双组分室温硫化硅橡胶硫化后具有优良的防粘性能,加上硫化时收缩率极小,因此,适合用来制造软模具,用于铸造环氧树脂、聚酯树脂、聚苯乙烯、聚氨酯、乙烯基塑料、石蜡、低熔点合金等的模具。此外,利用双组分室温硫化硅橡胶的高仿真性能可以在文物上复制各种精美的花纹。双组分室温硫化硅橡胶在使用时应注意:首先把胶料和催化剂分别称量,然后按比例混合,混料过程应小心操作以使夹附气体量达到最小。胶料混匀后(颜色均匀),可通过静置或进行减压除去气泡,待气泡全部排出后,在室温下或在规定温度下放置一定时间即硫化成硅橡胶。

双组分室温硫化硅橡胶硅氧烷主链上的侧基除甲基外,可以用其他基团如苯基、三氟丙基、氰乙基等所取代,以提高其耐低温、耐热、耐辐射或耐溶剂等性能。同时,根据需要还可加入耐热、阻燃、导热、导电的添加剂,以制得具有耐烧蚀、阻燃、导热和导电性能的硅橡胶。

双组分室温硫化硅橡胶硫化反应不是靠空气中的水分,而是靠催化剂来引发。通常是将胶料与催化剂分别作为一个组分包装。只有当两种组分完全混合在一起时才开始发生固化。

双组分缩合型室温硫化硅橡胶的硫化时间主要取决于催化剂的类型、用量以及温度。催化剂用量越多硫化越快,同时搁置时间越短。在室温下,搁置时间一般为几小时,若要延长胶料的搁置时间,可用冷却的方法。双组分缩合型室温硫化硅橡胶在室温下要达到完全固化需要一天左右的时间,但在150 ℃的温度下只需要1 h。通过使用促进剂进行协合效应可显著提高其固化速度。

双组分加成型室温硫化硅橡胶的硫化时间主要决定于温度,因此,利用温度的调节可以控制其硫化速度。双组分加成型室温硫化硅橡胶有弹性硅凝胶和硅橡胶之分,前者强度较低,后者强度较高。它们的硫化机理是基于有机硅生胶端基上的乙烯基(或丙烯基)和交链剂分子上的硅氢基发生加成反应(氢硅化反应)来完成的。在该反应中,不放出副产物。由于在交链过程中不放出低分子物,因此加成型室温硫化硅橡胶在硫化过程中不产生收缩。这一类硫化胶无毒、机械强度高、具有卓越的抗水解稳定性(即使在高压蒸汽下)、良好的低压缩形变、低燃烧性、可深度硫化,以及硫化速度可以用温度来控制等优点,因此是目前国内外大力发展的一类硅橡胶。

(3)有机硅胶的用途

有机硅胶具有上述这些优异的性能,因此它的应用范围非常广泛。它不仅作为航空、尖端技术、军事技术部门的特种材料使用,而且还用于国民经济各部门,其应用范围已扩到纺织、汽车、机械、皮革造纸、化工轻工、金属和油漆、医药医疗等行业。

1）建筑

软管接头，电缆附件等。

2）电子电气

电脑、手机、遥控装置和其他控制器的键垫和键盘。

3）日用品

高档奶嘴、潜水面罩、高压锅 O 形密封圈、硅橡胶防噪音耳塞等。

4）医药医疗

①硅橡胶胎头吸引器：操作简便，使用安全，可根据胎儿头部大小变形，吸引时胎儿头皮不会被吸起，可避免头皮血肿和颅内损伤等弊病，能大大减轻难产孕妇分娩时的痛苦。

②硅橡胶人造血管：具有特殊的生理机能，能做到与人体"亲密无间"，人的机体也不排斥它，经过一定时间，就会与人体组织完全相融结合起来，稳定性极好。

③硅橡胶鼓膜修补片：其片薄而柔软，光洁度和初性都良好，是修补耳膜的理想材料，且操作简便、效果颇佳此外还有硅橡胶人造气管、人造肺、人造骨、硅橡胶十二指肠管等，功效都十分理想。随着现代科学技术的进步和发展，硅橡胶在医学上的用途将有更广阔的前景。

（4）模具用硅橡胶应具备的特性

模具硅胶有透明和不透明之分。在快速模具制造中，为了更快、更精准地开出合格的模具，首选透明硅橡胶。而简单几何形的首版，可以选择非透明硅橡胶制造。

传统的模具制造方式周期长、成本高。而硅橡胶模具是一种快速模具制造方法。由于硅橡胶具有良好的柔性和弹性，能够克隆结构复杂、花纹精细和具有一定倒拔模斜度的零件。硅橡胶快速模具制作周期短，制件质量高，可在短期内获得多个零件，以满足前期的研发验证工作。

模具用硅橡胶应具备变形小、耐高温、耐酸碱、膨胀系数低的特点。收缩率低，表面分子惰性强，复模次数多，模具硅胶收缩率在百分之二。抗拉力、弹力好，撕裂度好，不仅能使产品更漂亮，而且能使产品不变形。硅胶耐高温，在 200 ℃都没有问题，零下 50 ℃模具硅胶仍不脆，依然很柔软，仿真效果非常好，是 POLI 工艺品、树脂工艺品、灯饰、蜡烛等工艺品的复模及精密的模具原料。

模具硅胶、矽胶，统称双组分室温硫化硅橡胶，它具有优异的流动性（硫化前为15 000～25 000 cp），良好的操作性，室温下加入固化剂 2%～10%，30 min 还可操作，2～3 h 后生成模具，其固化后的萧氏硬度（SHore A）为 10～60，抗拉强度为 4～6 MPa，抗撕裂强度为 5～23 kn/m。

硅橡胶在没添加固化剂前是一种糊状流动性半透明或不透明物体。在按比例添加固化剂搅拌均匀抽真空去除气泡后，倒入模框。硅橡胶会在所有空间包裹住母件。待固化后开模即可得到所需要的模具制造，硅胶模具寿命通常为 10～20 件的复模数量。

透明硅橡胶模具，在开模、制模、零件制造过程中可清晰看到模具内情况，便于随时掌握工作进展状态。不与浇注树脂发生化学反应，易脱模。保质期较长，性价比高。

7.1.2　真空注型机

真空注型机
操作说明

（1）简介

为了满足前期研发工作的不同测试，我们需要通过制作硅橡胶模具来获得多个相同的零件。增材制造成型件一般是母件，而母件在行业里统称为首版。由于增材成型件在实际应用中受其原材料的制约，无法完成某些特殊的新产品功能性验证，对产品的功能性验证有一定的制约。为了更合理地检验产品，我们将使用真空注型机制作硅橡胶模具来获得多个实用性能相同的零件。真空注型机就是为制作小批量产品使用的专业设备。通过真空注型机，我们可以快速获取多个快速模具和性能类似 ABS 塑料的产品零件。

在硅橡胶模具制作时，双组分硫化硅橡胶使用前需要按一定的比例混合胶体和固化剂。液体本身中溶解了一些空气，在胶体和固化剂混合搅拌的过程中又会夹杂一些空气进入混合液中，如不将硅橡胶液中的空气排出，硅橡胶固化之后就会有很多气泡留在硅橡胶模具之中。硅橡胶模具中残存气泡会造成硅橡胶模具的物理特性下降，从而影响到硅橡胶产品的使用寿命。如果模具的表面存在气泡造成的孔洞，还会影响到模具表面质量，在翻模的时候会直接影响到产品质量，导致模具与产品粘连、模具或制品充填不满、表面不平等。通过真空注型设备抽真空处理可排出液体中的气泡（脱泡）。脱泡过程在制模过程中很重要。如在真空状态下进行脱泡、搅拌和注型工作，可有效减少硅橡材料中的气泡，避免其影响硅橡胶模具的质量，抽真空处理一般分为模前抽真空处理和模后抽真空处理，所谓模前抽直空就是调制好硅橡胶后还没有进行制模操作的时候对硅橡胶进行抽真空处理。只针对硅橡胶的抽真空比较容易实现，对抽真空用具的要求比较低。因为硅橡胶在抽真空脱泡后，在制模过程中还可能夹杂气泡。模后抽真空处理就是指硅橡胶已经用于模具制作后的抽真空处理，比如灌注模操作时硅橡胶已经倒入模槽了。这样操作能够更好地保证模具质量，因为模后抽真空处理是将制模的产品和成型中的硅橡胶一起抽真空的，基本上可以抽干所有的气泡。但是模后抽真空对设备的要求较高，需要容量比较大的抽真空机。真空浇注成型，也称真空复模，一般用快速成型件或现有实物作母件，通过使用真空浇注成型设备制作硅橡胶模具来获得多个实用性能相同的零件。

（2）真空注型设备（真空复模机、真空注型机）技术特点

真空注型设备不仅能缩短新产品的开发周期、减少开发费用、降低开发风险、成本低康、操作简单占地空间小、对原型产品复制不受产品的复杂程度限制，还能在真空状态下进行脱泡、搅拌和注型工作，能够复制出高品质的产品。

（3）真空注型机用途

真空注型机广泛应用于汽车、家电、玩具、电子电器等精密铸造领域的小批量产品的生产和试制；硅胶、液体橡胶、各种液体树脂的脱泡或注型工作；各种模型产品的小批量生产；石蜡真空浇注（精密铸造）工作；轮胎铝模前期制作以及石膏模制作等。

真空注型机是制造快速模具、快速零件的工艺保证。

（4）真空浇注箱和浇注系统

真空浇注成型设备外形如图 7-1 所示，内部结构如图 7-2 所示。通过真空浇注成型的方法，可以快速制作硅橡胶模和产品。

图 7-1　真空注型机

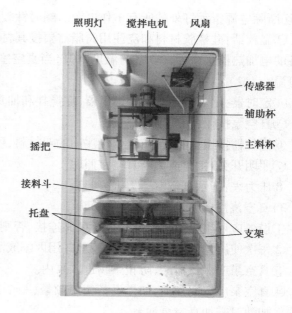

照明灯　　搅拌电机　　风扇

传感器

辅助杯

主料杯

摇把

接料斗

托盘

支架

图 7-2　真空注型机内部结构

在液态硅橡胶中加入固化剂后一段时间内,其黏度和流动性基本上不发生变化,将其放入真空浇注成型机真空室中一边搅拌一边抽真空,使固化剂和硅橡胶充分地均匀混合,使硅橡胶中的空气泡及时排出,然后在真空状态下进行浇注制作硅橡胶模。

1)使用真空浇注成型设备浇注硅橡胶模过程

①硅橡胶模预热应为 25~70 ℃(根据不同硅橡胶材料)。

②浇注控制温度应在 25 ℃以上(以厂商提供数据为准)。

③硅橡胶模固定,并让浇注口与料杯对好。

④配好双组份浇注料。

⑤将料杯与搅拌杯固定。

⑥关门及关闭隔膜阀,启动真空泵及搅拌器,分别搅拌 A、B 料 1 min 左右,然后将轴料倒入主料杯中,在规定时间停止真空泵及搅拌器。

⑦缓慢倾倒注模,当所有冒口冒出浇料时,打开隔膜阀,恢复大气压。

⑧将模具及时放置在水平桌上,在规定时间脱模。

2)真空浇注机面板

真空浇注机面板(图 7-3)上一般都有温控器、定时器等仪表和一些按钮等,这些常见仪表和按钮的功能如下。

①电源指示:指示系统是否有电。

②急停按钮:遇到紧急情况按下该按钮,按钮自

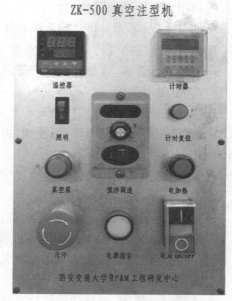

ZK-500 真空注型机

温控器　　　　　　　　　计时器

照明　　　　　　　　　计时复位

真空泵　搅拌调速　电加热

急停　　　电源指示　电源 ON/OFF

西安交通大学 RP&M 工程研究中心

图 7-3　真空注型机面板

锁,切断除电源指示灯外的所有工作电源。顺时针旋可释放该按钮。

③温控器:硅橡胶材料和浇注用树脂需要按其材料要求加热和保持一定温度。真空浇注设备的电加热器接通后真空室的温度上升,当真空室的温度上升到设定温度时,温控器会自动恒温。

④定时器:定时器是个时间继电器,在搅拌和抽真空时用于计时。

⑤真空泵按钮:实现抽真空操作。

⑥搅拌器按钮:用于搅摔混合浇注用的双材料,可调节搅拌器转速。

⑦照明开关:接通或关断真空室照明。

⑧压力表:指示真空室压力。

3)真空浇注成型设备使用注意事项

①设备应可靠接地。中性线也要可靠连接,否则不能正常工作。

②每次使用完后应及时将残料清理并用丙酮或酒精清理料杯、搅排及漏斗。

③真空泵应保持清洁,防止杂物进入泵内。

④真空泵应定期加油,如果设备使用频繁,一个月应加一次油,一般情况下,三个月加一次油。加油时需加真空泵油。

⑤真空泵换油时,停泵拧下放油塞放油,注意放出的油温度可能高达 90 ℃ 左右。保持进气口打开状态,启动真空泵约 10 s 放掉泵内残油。检查放油塞密封圈是否残缺、破裂、变形,若有则更换。拧好放油塞,从注油口注入新油到要求的油位。如果泵油污染严重则需经几次换油过程。

⑥搅拌主料杯中的料时,在料多的情况下,应低速启动搅拌电机,根据料的多少再调高转速。

4)真空浇注成型设备故障及其消除

①极限真空不高及其消除。

A.油位太低,不能对排气阀起油封作用,有较大排气声,可加油。

B.油被可凝性蒸气污染引起真空度下降,可打开气镇阀除水净化或换新油。

C.泵口外接管道,容器测试仪表管道、接头等漏气。大漏时,有大排气声,排气口有气排出,应找到漏处并消除。

D.吸气管或气镇阀橡胶件装配不当,损坏或老化,应调整或更换。

E.油孔堵塞,真空度下降,可放油,拆下油箱,松开油嘴压板,拔出进油嘴,疏通油孔。尽量不要用纱头擦零件。

F.真空系统严重污染,包括容器、管道等,应予清洗。

G.旋片弹簧折断,应予换新。

H.旋片、定子或铜村磨损,应于检查,修整或调换。

I.泵温过高,这不但使油黏度下降,包和蒸气压升高,还可能造成泵油裂解。应改善通风冷却,降低环境温度。如新抽气体温度太高,应预先冷却后,再进入泵内。

②漏油。

A.查看放油螺塞,油标油箱垫片是否损坏或装配不当,有机玻璃有无过热变形,应调整、更换或降低油温。

B.泵与支座的连接螺钉未垫好、未拧紧,油封装配不当或磨损也会漏油,但不会污染场地。不严重的可继续使用,严重的应更换油封、垫圆或调整装配。

③噪声。

可因旋片弹簧折断、进油量增大、轴承磨损、零件损坏或消声器不正常而产生较大噪声,应检查、调整或更换。

7.1.3　特效离型剂

(1)简介

特效离型剂也叫脱模剂,脱模剂是一种介于模具和成品之间的功能性物质。脱模剂有耐化学性,在与不同树脂的化学成分(特别是苯乙烯和胺类)接触时不被溶解。脱模剂还具有耐热及应力性能,不易分解或磨损;脱模剂粘合到模具上而不转移到被加工的制件上,不妨碍喷漆或其他二次加工操作。由于注塑、挤出、压延、模压、层压等工艺的迅速发展,脱模剂的用量也大幅度地提高。脱模剂是用在两个彼此易于粘着的物体表面的一个界面涂层,它可使物体表面易于脱离、光滑及洁净。脱模剂广泛应用于金属压铸、聚氨酯泡沫和弹性体、玻璃纤维增强塑料、注塑热塑性塑料、真空发泡片材和挤压型材等各种模压操作中。在模压中,有时其他塑添加剂如增塑剂等会渗出到界面上,这时就需要一个表面脱除剂来除掉它。

(2)快速模具用脱模剂的要求

①对模具无侵蚀作用。

②形成的保护膜应有效地阻隔反应材料对模具的侵蚀,有效的保护模具。

③不参与材料反应。

④成限均匀、光滑、厚度一致性强。

⑤耐热,不会受热流淌、积聚。

⑥无毒、无侵蚀。

⑦操作技术要求一般,适应普遍无训练即可。

⑧价格适宜,来源充沛。

⑨固化后的萧氏硬度(Shore A)为 10~60,软硬适度可调,适合零件脱离模具,也适合粗放式操作和管理。

7.1.4　硅橡胶快速模具制造

(1)模具制造前期准备工作

1)制造者必备素质

①制造者必须接受过专业技能培训,必须持有上岗证和专业认证证书。

②对即将制造的模具做到全面的解析和把握。

③制造者必须对即将选用的首版进行认证,确定技术要求达到指标,方可进行硅胶模具的制造。

④制造者必须对制作的模具设定预见性的制造工艺,并预设应急方案和应变措施。

⑤设定开模线、浇道口、冒口、支撑点。

模型处理与
围框制作

2）模具前期准备工作

①辅助工具和耗材：制作模框的塑料板（厚度不低于 2 mm）、万能胶、橡皮泥脱模剂、封箱胶带、钢尺、电子秤、计算器、ABS 棒（长度>50 mm，直径 9～10 mm，视模具大小选择）、塑料容器、搅拌棒、气针、专用开模钳、手术刀定位钢柱（直径不小于 2 mm）、牙签等。

②再次检查、确认母件。母件必须达到制作模具的质量要求后才能下模。

③确保工作应需品到位。

3）设备准备工作

①确保制作模具电器部分正常。

②验证真空注型机机械操作部分正常。

③验证密封部分正常。

4）工作场地准备工作

①确保工作场地无障碍。

②确保安全、照明正常。

（2）硅橡胶模具制作前的准备工作

1）确定零件的分模线

确定零件的分模线，如图 7-4 所示。

图 7-4　确定零件的分模线　　　　图 7-5　通孔

2）预处理零件

零件存在的通孔，如图 7-5 所示。

3）设计围框大小

可参考图 7-6，浇口通常为一个，若模型太大，可增加浇口数量，围框应高出模型 250～300 mm，如图 7-7 所示。

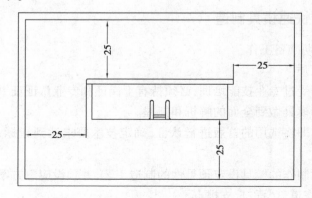

图 7-6　围框尺寸图

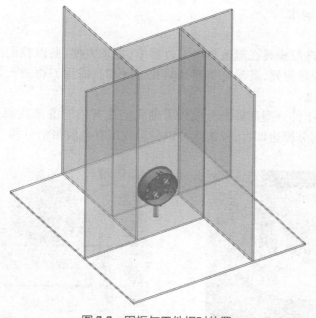

图 7-7　围框与工件相对位置

4）硅胶用量计算（图 7-8）

①硅胶成型体积计算公式为：围框的长×宽×（模型高度+B+C），B 一般为 25 mm，C 为 25 mm以上。

②硅胶质量计算公式为：硅胶体积×硅胶密度，硅胶密度可查看材料说明。

③实际硅胶用量为：硅胶模具成型质量+粘杯量，若粘杯量无法确定，可直接按硅胶模具成型质量的 10% 去算。

④实际硅胶用量=硅胶质量+固化剂质量，硅胶与固化剂的混合比例需查看材料说明。

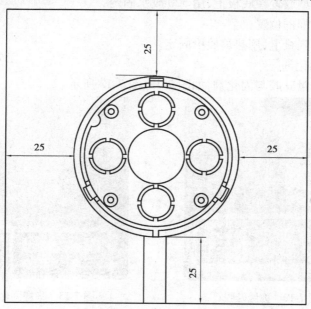

图 7-8　硅胶模具高度计算

（3）硅橡胶模具制作

1）模型处理

①封孔：为了使硅胶模具在制造与加工过程中，更加方便，所以我们需要将工件上的通孔用胶带封死，若没有将通孔封死，开模时，需用刀将通孔位置割开，增加了操作难度。

硅胶调试与搅拌

②贴分模边：在工件分型面处画分模线方便我们在开模时准确找到分型面；或者贴分模边，分模时，只需割到分模边即可，分模线可以标识或用有色胶带沿分模线贴一圈，并修整好，如图 7-9 所示。

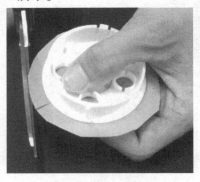

图 7-9　确定零件的分模线

图 7-10　粘支撑脚

③做支撑脚：在模型侧面粘 ABS 棒，ABS 棒高度在 25 mm 左右，如图 7-10 所示。

④喷脱模剂：为了使开模后，工具容易取出，需在工件表面喷涂一层薄薄的脱模剂。

2）制作围框

①将处理好的模型放置在底板上，用 520 胶水固定。

②在底板上画好围框位置。

③将亚克力板放到线上，用热熔胶枪固定。

图 7-11　制作围框

3）称取硅胶与固化剂

用电子秤分别称量硅胶与固化剂，如图 7-12、图 7-13 所示。

图 7-12　称量硅胶

图 7-13　称量固化剂

4）搅拌硅胶

固化剂倒入硅胶中后需马上搅拌，搅拌时，棍子一定要沿着四周杯壁贴紧底面，保证搅拌均匀，500 g 硅胶搅拌需 5～7 min，搅拌好后，硅胶呈浑浊、乳白色状态，如图 7-14 所示。

图 7-14　搅拌硅胶

5）初次脱泡

硅胶搅拌好后，放入真空机内，抽真空，在真空环境下，硅胶里面的气泡将会溢出，该过程称为脱泡。抽真空时，若硅胶溢出围框，则要快速将气阀打开，使气泡下降，当硅胶往上升到一定幅度时，真空机在持续抽真空状态下，突然迅速下降到一个高度，即可判断脱泡完成，如图 7-15 所示。

脱泡操作与
硅胶浇注

6）硅胶浇注

硅胶第一次脱泡好后，将硅胶倒入围框中，倒入时，硅胶不能直冲模型，直冲模型会导致模型脱落或位移，应从模型四周倒入，硅胶会向工件底部流动，如图 7-16 所示。

图 7-15　初次脱泡

图 7-16　硅胶浇注

7）再次脱泡

硅胶倒入围框中后，放入真空机，抽真空，进行再次脱泡处理，再次脱泡时间不能过长，时间在 3~5 min 就要结束，操作和初次脱泡一样，如图 7-17 所示。

图 7-17　再次脱泡

8）硅胶固化

再次脱泡结束后，静止 1~2 h 室温固化，然后放到烤箱内 40 ℃烘烤 3~4 h,硅胶模具制作完成。

图 7-18　高温烤箱

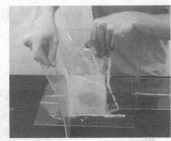

图 7-19　拆围框

9）拆围框

硅胶模具制造完成后,将硅胶模具的围框拆除,如图 7-19 所示。

10）去飞边（图 7-20）

硅胶模具围框拆除,将模具上的飞边去除,如图 7-20 所示。

11）画分模线（图 7-21）

开模时,为了分模效果到达最佳,需要一条辅助的分模线,分模型线做法如下：

①观察模具内侧工件分型面在什么位置。

②在分型面所在平面,沿着模具外侧画一圈分模线。

图 7-20　去飞边

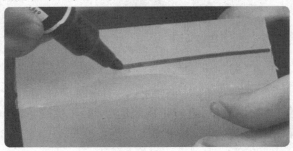

图 7-21　画分模线

硅胶模具开模

12）割波浪线

用手术刀沿着分模线进刀，首刀切入大约为 10 mm，纹路为波浪线，刀尖走直线、刀尾走波浪，走完一圈，如图 7-22 所示。

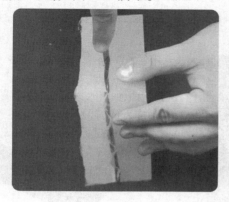
图 7-22　割波浪线

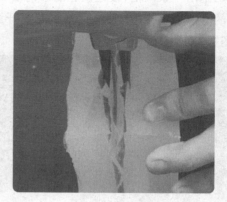
图 7-23　开模

13）开模

用开模钳撑开切口，用刀切到分模边，如图 7-23 所示。

14）模具处理

硅胶模具
处理

①开排气槽：排气槽的作用是为了浇注过程中，让型腔内的气体可以充分排出，使浇注材料布满整个成型空间，因此排气槽应开在向上的位置，开排气槽时，用手术刀割出一条 V 形槽，如图 7-24 所示。

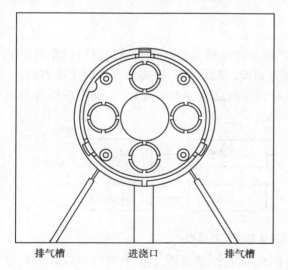

排气槽　　　进浇口　　　排气槽

图 7-24　排气槽示意图

图 7-25　主流道

②开主流道：主流道通常为 ϕ10 的圆孔，之前工件处理时，用 ABS 棒做的支撑脚，可当主流道使用，如图 7-25 所示，该浇注方法为直接进浇法，若是用侧进浇的方法，则需要手工开主流道。

341

③开浇口:分流道与主流道连接,浇口与型腔连接,浇口横截面较小,有利于浇注成型后的工件处理,分流道横截面较大,有利于浇注时材料的流通,操作时在主流道与型腔之间,用手术刀切割出一条凹槽,接近型腔的凹槽横截面小,接近主流道的凹槽横截面大,由于本次案例所用的方法为直接进浇法,所以不需要开浇口,若是侧面进浇,则需要手动割出一条浇口来,如图 7-26 所示。

图 7-26 开浇口   图 7-27 硅胶模具

处理好的模具将会有成型空间、流道、排气槽特征,如图 7-27 所示。

任务 7.2 真空浇注

7.2.1 硅胶复膜工艺

(1)硅橡胶模具的应用

对于批量不大的注塑件生产,可以采用 RP 原型快速翻制的硅橡胶模具通过树脂材料的真空注型来实现,这样,能够显著缩短产品的制造时间,降低成本,提高效率。对于没有细筋、小孔的一般零件,采用硅橡胶模具浇注树脂件可制作制品达到 50 件以上。采用硅橡胶模具进行树脂材料真空注型的工艺流程如图 7-28 所示。

图 7-28 注型产品快速制作工艺流程

①清理硅胶模,预热模具。为了保证注型件充填完全,需要在上模中离浇口较远的和型腔较高处设置一系列的排气孔。在进行树脂件浇注之前应进行必要的清理工作,如清除沟槽内的残留物,检查排气孔是否堵塞等。清理工作完成以后,将硅胶模具放入温箱中进行预热。

②喷洒离型剂,组合硅胶模具。为了便于注型件从模具中取出,需要在模具型腔表面喷洒离型剂,特别要注意喷洒深沟槽、深孔等难以脱模处。喷洒完离型剂后,就可以将硅胶模组

合起来。不过,对于透明材料的制件,不宜喷洒离型剂。

③计量树脂。树脂的质量通常根据原型的质量进行估算并根据浇注过程中材料的盈余进行调整。初次浇注时,一般由原型的质量乘上一定的系数来初定所需浇注树脂的质量,再根据规定的树脂和硬化剂的配比即可算出所需树脂和硬化剂各自的质量。

④脱泡混合,真空注型。为了提高注件的致密程度和充填能力,需要将注塑环境抽真空,一方面除去树脂和硬化剂中溶解的空气,另一方面也抽去模具型腔中的空气。抽真空的时间根据注型件的大小和具体情况有所不同,以是否达到真空度为准。抽完真空后,将树脂和硬化剂混合搅拌,然后浇注到模具型腔中。

⑤温室硬化,取出制件。将浇注完的模具从真空机中取出,放入恒温箱中进行硬化,硬化时间根据件的大小和树脂类型的不同而不同。待树脂制品在指定的温度和时间条件下完成固化后,便可以将制品开模取出。

⑥制件后处理。工件制好以后,还需要进行必要的后处理工作才能交付使用,如除去浇道、打磨、抛光、喷漆等。

(2)部分工具准备

1)耗材

各型号胶带纸、脱模剂、一次性胶手套等。

2)器材

电子秤、锁紧扳手、计算器、斜口钳、剪刀、尖嘴钳、美工刀、顶出杆等常用、可靠的器材。

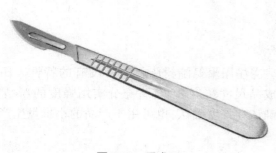

图 7-29　手术刀

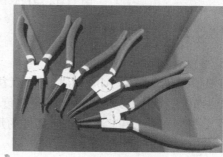

图 7-30　开模钳

图 7-31　透明胶带

图 7-32　塑料杯

图 7-33　电子秤

图 7-34　A、B 料

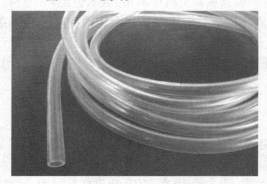

图 7-35　塑料胶管

图 7-36　脱模剂

7.2.2　浇注材料

（1）材料简介

Hei-Cast 8150 是 ABS 材质，具有以往真空浇注用聚氨酯树脂材料所没有的特性。Hei-Cast 8150 是一种物理性能好，固化速度快，成品尺寸精度高，具备充分实用强度的新型真空注型材料，既可用于注塑成形部件的形状确认和强度确认，也可用于产品的小批量生产。

（2）基本物理性质

材料参数如表 7-1。

表 7-1　材料参数

项目		技术参数	备注
品名		8150	?
外观	A 液	米黄色/白色/黑色	聚多元醇
外观	B 液	淡黄色透明	异氰酸酯
成品颜色	?	米黄色/白色/黑色	?
黏度	A 液	800	?
（Mpas 25 ℃）	B 液	160	BM 型黏度计

项目		技术参数	备注
比重(25 ℃)	A液	1.09	标准比重杯
	B液	5.1.9	标准比重杯
混合比	A∶B	100∶200	重量比
操作时间	25 ℃	5 min	树脂100 g
成品比重	?	5.21	JIS K-6911
硬度	Shore D	80~85	?
拉伸强度	kg/cm²	740	?
伸度	%	16	JIS K-6911
弯曲强度	kg/cm²	1 790	?
弯曲模量	kg/cm²	18 300	?
冲击强度	kg/cm²	12~15	Izod V Notch
收缩率	%	0.3	公司内标准
线膨胀系数	℃⁻¹	$6×10^{-5}$	JIS K-6911
热变形温度	℃	100	JIS K-7207(18.5 kg/cm²)

（3）真空浇注方法

1）预脱泡

分别将A、B二液在真空机中进行30 min以上的真空脱泡处理。用多少处理多少。推荐将树脂加热至40~50 ℃后进行预脱泡。

2）树脂温度

A、B二液均调整到30~40 ℃。液温高时操作时间变短,液温低时操作时间变长。液温过低时,会造成固化不完全,引起物理性能不良。

3）模具温度

请预先将硅橡胶模具加热至60~70 ℃。Hei-Cast 8150模温过低时,会造成固化不完全,引起物理性能不良。另外,模具温度对试制件的尺寸精度有影响,故请严格控制。

4）浇注

按照可以使A液倒入B被去的位置放置两容器。作业室抽到真空后,不时地搅拌B液使之脱泡5~10 min。将A液倒入B液中,搅拌30~40 s后,迅速浇入硅橡胶模具中。请在自混合开始起的1 min 30 s之内进行恢复大气压的操作。

5）固化条件

在80 ℃的恒温烤箱中进行40~60 min固化后即可开模。必要时请在70~80 ℃的恒温烤箱中进行2~3 h的二次固化。

（4）使用时的注意事项

1）水气

水气对 A、B 二液的品质均会产生不良影响，故应绝对避免混入水，同时也请不要使没盖上盖子的容器长时间与空气中的水分接触。

2）水气处理

A 液如果混入了水分，会使固化物产生大量气孔。遇到这种情况，把 A 液加热至 100 ℃后，在真空机中进行 30 min 的真空脱泡处理。

3）材料报废

B 液和水分会发生反应而变得白浊或固化。如果已经变得很不透明，或已经固化，请不要再使用。

4）加热

若 B 液长时间存放在低于 5 ℃的地方，会部分或全部凝固。此时请在 60～70 ℃的恒温烤箱中加热 1～2 h 使之融化，经充分震荡混合均匀后使用。

5）融化

凝固了的 B 液不经过加热而直接移入室内存放时会使变质速度加快。请将 B 液完全融化后存放于 20～25 ℃的地方。

（5）注意事项

①排气。B 液中含有 1% 以上的二异氰基二苯甲烷，作业场所必须装有排气装置，并注意充分换气。

②清洗。请避免皮肤直接接触到本品，如果不小心沾到手等部位，请迅速用肥皂洗净并用大量的水冲洗。若不及时处理会使皮肤发生出疹等现象。

③紧急处理。万一溅到眼睛里，请用自来水冲洗 15 min 以上后，尽快去医院诊治。

④请设置排气管以保证真空机的排气被排到室外。

（6）危险物分类

A 液　日本消防法　危险品第四类　第四石油类
B 液　日本消防法　危险品第四类　第四石油类

搭建浇注系统与
A、B 用量计算

7.2.3　称取 A、B 料

（1）预热

A、B 料常温下流动性差，所以在浇注前，需要对 A、B 料进行预热，提高其流动性，如图 7-37 所示。

（2）计算

1）浇注材料总质量的计算公式

工件的质量+预测留在容器中的粘杯量+浇口流道与浇注管中的质量+30～50 g=浇注材料总质量。

2）称取 A、B 料

假如 A、B 料比例为：A∶B=1∶2，则 A 料用量为：浇注材料总质量×1/3；B 料用量为：浇注材料总质量×2/3。

图 7-37　A、B 料预热

图 7-38　称量 A 料

图 7-39　称量 B 料

7.2.4　浇注系统搭建

①用透明软管与接料斗连接。

②将硅胶模具放置在托盘上。

③将透明软管剪取合适长度,然后插入模具的流道口中。

图 7-40　浇注系统搭建

图 7-41　浇注准备

浇注准备:将 A 料倒入真空注型机辅助杯中,将 B 料倒入主料杯中。

搅拌:a.关闭舱门,打开真空泵,进行 A、B 料脱泡处理;b.打开搅拌按钮,搅拌 B 料;c.转动设备左侧辅助杯控制把手,将 A 料倒入 B 料中,使 A、B 料混合搅拌。

图 7-42　A、B 料混合搅拌

图 7-43　浇注结束

浇注:搅拌结束后,停止抽真空,迅速放气到 0.6 个大气压,将 A、B 料缓慢均匀倒入接料斗中,接着缓慢放气一会后迅速放气。

7.2.5　固化

浇注结束后，放入 70 ℃烤箱中烘烤 70 min，使浇注材料固化。

真空浇注与固化

图 7-44　放入烤箱固化

7.2.6　取件

固化结束后，拆开硅胶模具外面的胶带，如图 7-45 所示，打开模具，取出工件，如图 7-46 所示。

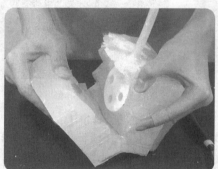

图 7-45　拆胶带

图 7-46　取件

参考文献

［1］成思源,杨雪荣.Geomagic Studio 逆向建模技术及应用［M］.北京:清华大学出版社,2016.

［2］张学昌.逆向建模技术与产品创新设计［M］.北京:北京大学出版社,2009.

［3］张德海.三维数字化建模与逆向工程［M］.北京:北京大学出版社,2016.

［4］贾林玲.Geomagic Studio 逆向工程技术及应用［M］.西安:西安交通大学出版社,2016.

［5］成思源,谢韶旺.Geomagic Studio 逆向工程技术及应用［M］.北京:清华大学出版社,2010.

［6］金涛,童水光.逆向工程技术［M］.北京:化学工业出版社,2004.

参考文献